古樹奇觀

李鐸 题

陈贵 主编

中国林业出版社

图书在版编目（CIP）数据

张家口古树奇观/陈贵主编. – 北京：中国林业出版社，2005.10
ISBN 7-5038-4118-4

Ⅰ.张… Ⅱ.陈… Ⅲ.木本植物 – 植物志 – 张家口市 Ⅳ.S717.222.3

中国版本图书馆 CIP 数据核字(2005)第 116675 号

出版 中国林业出版社 （100009 北京西城区刘海胡同 7 号）
E-mail forestbook@163.com 电话（010）66162880
网址 www.cfph.com.cn
发行 中国林业出版社
印刷 河北省张家口市印刷总厂
版次 2005 年 10 月第 1 版
印次 2005 年 10 月第 1 次
开本 787mm × 1092mm 1/16
印张 20
字数 306 千字
印数 1 ～ 2 100 册
定价 288.00 元

《张家口古树奇观》编辑委员会

主　编：陈　贵

副主编：冀海英　常进忠　王迎春　贺　勇

编　辑：李泽军　王存纲　高战镖　闫志勇

　　　　张立波　海　洋　李建荣　张万龙

摄　影：陈　贵　王大力　袁明海　李泽军

　　　　邓　秀　闫志勇　李树涛　武佃森

　　　　陈　亮

序

在京西距天安门70公里的地方，有一块3.7万平方公里的神奇土地，这就是驰名中外的历史文化名城——张家口。

张家口是全国第一次解放的197座城市中最大的一座城市。这里历史悠久，文化底蕴深厚，军事位置重要。著名考古学家苏秉琦先生称赞她：是中原与北方古文化接触的“三岔口”，又是北方与中原文化交流的“双向通路”。这里有闻名于世的人类祖先发祥地——泥河湾，有《史记》开篇记载的黄帝、炎帝、蚩尤三祖大战的古战场——涿鹿之野。这里地势复杂，草原广阔，群山叠翠，山奇水美；这里寺庙林立，道观众多，物华天宝，人杰地灵。

在这块广袤神奇的土地上，不仅留存下了众多的文化遗产，而且孕育了多姿多彩的森林，保存下来了17万多株的珍奇古树，这是林业资源的珍品，是非常宝贵的自然历史遗产，是地域文化的重要组成部分 。

珍奇古树，有着丰富的科学内涵，是探索大自然奥秘的钥匙，是研究林业历史的活资料。在这些亘古孑遗、珍贵稀有的古树身上，记载了山川、气候、降水等环境巨变和生态演替的信息，对研究古生物、古气候、古地理、古地质、古文化、古风俗等都具有重要的意义。

珍奇古树，是镶嵌在旅游胜地的绿色明珠，具有很高的观赏价值，是难得的风景旅游资源。它们苍桑古朴、龙钟老态的身姿，为山水园林添彩，为旅游胜地增色，为城镇村堡壮威，常使人引起历史的回味，给人们带来美的享受。

张家口市委、市政府对古树名木的保护利用一贯非常重视。身为市委副书记的陈贵同志出于对古树的感情和20多年涉足研究的原因，牵头主编了《张家口古树奇观》一书，并亲自撰写了话说古树万言文，书中图文并茂，视觉清新，从不同侧面有选择地展示了300多棵古树的苍朴身姿。同时，在研究的基础上，对古树进行了定性、命名和定级，把古树这一“活化石”列入文物保护范围，并就此以“两办”名义下发了保护通知，采取了一系列保护措施，堪称创新之举，这种行为和成果应大力倡导和推广。

《张家口古树奇观》一书，具有相当的学术研究价值、经济价值、文化价值、旅游价值和推广价值，是一本融科学性、知识性、史料性、观赏性、趣味性为一体的有特点的绿色图书。希望这本书的出版，能唤起人们的绿色意识、环境意识和保护意识，在今后的历史长河中，在中国大地上植造出更多的森林，使更多的树木成为古树名木，为经济社会可持续发展和生态文明建设做出积极贡献。

国家林业局党组书记、局长 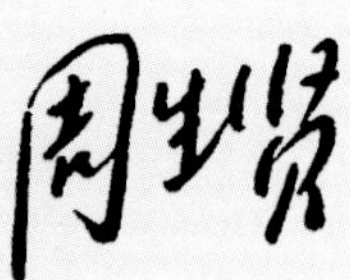

2004年12月

古树概况及说明

张家口市位于河北省西北部，地处京、晋、蒙交界处，东临首都北京，西连煤都大同，北靠内蒙古草原，南接华北腹地，总面积3.7万平方公里。全境地势西北高、东南低，阴山山脉横贯中部，分为坝上和坝下两个自然地理区域。张家口的古树便分布不均地扎根在这些地域上。

张家口是一座塞外古城，建制较早，历史悠久。不仅是亚洲人类的起源地，也是华夏五千年文明的发祥地，有着特殊的自然环境和悠久的历史文化。张家口的古树同样具有悠久的历史和深厚的文化积淀。

张家口古树年代久远，资源丰富。据普查，全市百年以上古树多达176400多株。隶属22科（亚科）、33属、49种。按科划分共有：松科、柏科、豆科、榆科、杨柳科、胡桃科、银杏科、无患子科、木犀科、卫矛科、漆树科、桦木科、柽柳科、壳斗科、槭树科、桑科、蔷薇科（李亚科、苹果亚科）、柿树科、鼠李科、胡颓子科、葡萄科等。分树种统计：共有古油松91700多株、古落叶松10400多株、古白皮松1株、古冷杉3000多株、古杆树10株、古云杉2000多株、古侧柏25株、古圆柏1株、古杜松100多株、古槐树34株、古白榆260多株、古垂枝榆1株、古黑榆2株、古脱皮榆1株、古旱榆1株、古刺榆1株、古杨树28株、古山杨50000多株、古柳树34株、古乌柳70多株、古核桃11300多株、古山核桃1株、古核桃楸1株、古银杏4株、古文冠果3株、古暴马丁香7株、古北京丁香6株、古卫矛2株、古小叶朴1株、古漆树1株、古白桦300多株、古柽柳4株、古栎树2株、古白蜡1株、古元宝枫3株、古五角枫1株、古华桑1株、古蒙桑1株、古楸子1株、古杏树500多株、古秋子梨1株、古麻梨1株、古山梨1株、古板栗4株、古黑枣1株、古枣树2株、古酸枣1株、古沙棘1株、古葡萄6690多株。20株以上集中分布的古树按树群统计，共有古树群16处。以上古树中，2株载入《中国古树奇观》，45株（群）载入《河北古树志》，35株（群）载入《河北省志·林业志》。全市古树全部列入文物保护范围。

张家口古树多为散生，有部分天然古树群。其分布遍及辖区各地，主要分布于坝下，多集中在涿鹿、蔚县、赤城、怀来等地。其中：蔚县小五台国家级自然保护区共有古树9330多株（其中古落叶松4000多株、古冷杉3000多株、古云杉2000多株、古油松30多株、其他古树300多株），赤城县金阁山林区共有古油松91100多株，赤城县大海陀国家级自然保护区共有古落叶松6390多株，涿鹿县黄羊山国家级森林公园共有古油松100多株；尤其是涿鹿县南山区仅古山杨就有50000多株、古核桃11300多株；其他林区也分布着众多的各类古树。

本书所展示的379株古树（群）照片，仅是十数万株古树的代表和缩影。《张家口古树奇观》以照片展示为主，配以适当的文字介绍，共编入照片352幅，文字近10万字。基本做到了图文并茂，相映成趣，相得益彰。

本书在编纂过程中，参照1985年城乡建设部的规定和北京等地的分级方法，以树龄为主要标准，把古树分为特级（树龄1000年以上）、一级（树龄300年以上）、二级（树龄200年以上）、三级（树龄100年以上）4个保护级别。有些珍奇稀有、亟待保护或具有特殊价值的古树，分级标准不受此限制。依此划分，本书中撷取的特级古树共有83株（群）、一级古树272株（群）、二级古树9株（群）、三级古树15株（群）。

为提高古树的知名度，便于保护和宣传，编委会人员在查阅世界、全国及各地大量古树资料和背景材料的基础上，依据树种、树龄、长势、形状、传说、所在地以及在一定区域所处的位置等因素对古树进行了命名。这里需要说明的是，因海拔、气候、土质等原因，张家口这一地域的古树，在同科、同属、同种、同胸围、同树高的情况下，要比南方和南部地区的古树树龄长一些。同时，本书还测改了一些有关资料上误差较大的古树数据。

为更有效地对古树进行保护和开发利用，我们将依据古树的保护级别和地域差异，陆续进行挂牌、树碑、保护和开发利用，以充分展示古树的历史、人文、旅游等方面的资源，从而增强人们对古树的保护意识，促进生态旅游产业的发展。

《张家口古树奇观》编辑委员会

2005年7月

目　录

张家口古树分布图

内蒙古自治区
承德市
北京市
山西省
保定市
化德
康保牧场
满德堂
太仆寺旗
塞北管理区
康保
阎油坊
二号卜
苏鲁滩牧场
沽源
九连城
小河子
察北管理区
大青沟
大囫囵
战海
桦皮岭
2129
独石口
公会
七甲
馒头营
郝家营
驿马图
石窑子
张北
尚义
炕坑
台路沟
白旗
云州
东万口
1919
大青山
膳房堡
红旗营
金阁山林场
龙门所
茨营子
小蒜沟
甲石河
新河口
北辛屯
崇礼
高家营
赤城
样田
万全
张家口市
四台咀
旧堡
李家堡
后城
雕鹗堡
姚家庄
赵川
怀安
第六屯
宣化
大海陀
庞家堡
江家屯
顾家营
大海陀国家级自然保护区
2241
大海陀山
太平庄
下花园
定方水
存瑞
延庆
天镇
怀安城
深井
涿鹿
怀来
狼山
武家沟
温泉屯
栾庄
小南辛堡
瑞云观
三马坊
大堡
砚山
阳原
辛堡
孙庄子
北水泉
东井集
浮图讲
吉家庄
小五台山
2882
谢家堡
涌泉庄
河东
柏树
小五台国家级自然保护区
蔚县
暖泉
蟒石口
宋家庄
大河南
图例
市政府
铁路、隧道口
湖泊、河流
县区、乡镇
高速公路
山峰及海拔
省界
国道
单株古树或古树群（图标上的数字为实际株数）
市界
省、县道
单株或100株以下
县、区界
长城
100株及以上
比例尺 1：160万

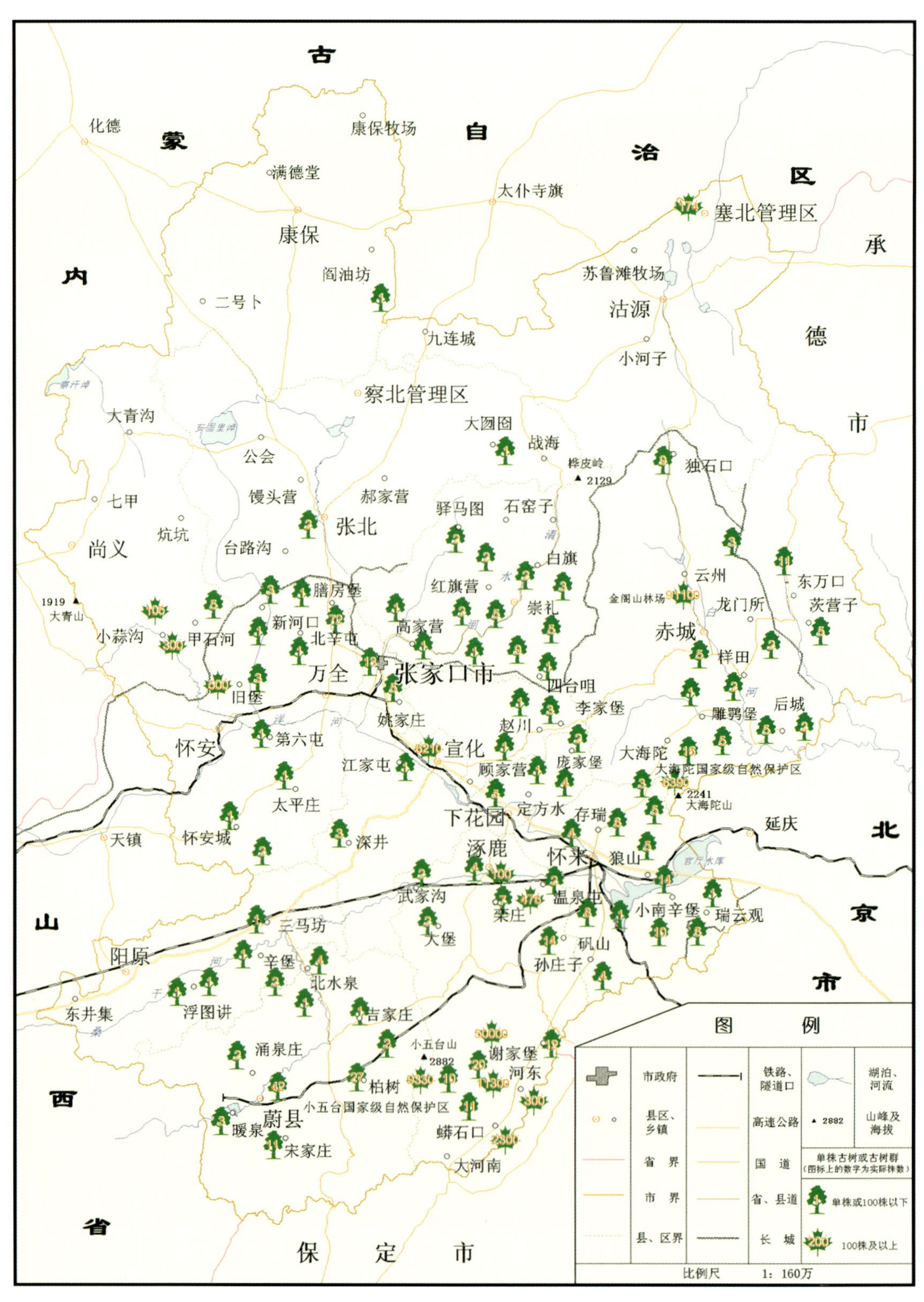

话说古树

陈　贵

古树，通常是指树龄在百年以上的古树木。百年时光，按20年一代计算，起码历经5代人。就是说，如果生长在庭院的百年以上古树，起码与曾祖、太祖、太爷是朋友，更何况几百年甚至上千年的古树，更是我们祖先的朋友。古树的存在，应当成为我们这一代人的骄傲。

古树是生态的标志、气候的记载、历史的见证；古树是动物的乐园、儿童的乐土、人类的朋友；古树是文化的遗产、环保的卫士、旅游的胜地；古树是绿色的源泉、强者的代表、希望的摇篮。

关于古树的历史及现状

古树是“活化石”、“活文物”。

世界上最早出现树木的时间，可追溯到3.6亿年前的古生代泥盆纪，最早的代表树木是“石松”和“芦木”，到了石炭纪，便出现了以银杏为代表的古树木，其后，松柏目植物，如南洋杉、松树、冷杉、雪杉、落叶松、刺柏、巨杉等裸子类植物便相继出现。到了1亿年前的白垩纪，第一个开花的树木——木兰出现在地球上，这一花独秀，却引来了古树的春色满园。从此以后，其他的古树种如雨后春笋，相继出现。

据《万全县志》记载：张家口一带古产松、柏、槐、楸、榆、柳、杨、榛、梨、桃、李、杏、枣、葡萄、沙果、酸枣、石榴等树种。元代周伯奇《扈从北行前记》有张家口以东“皆森林覆谷”的记载。《宣化府志》记载：“鹤山柏桧森然”（赤城马营堡东1公里），“滴水岸山半千松岭，松阴茂密”（雕鹗东20公里），“大松山有古松盘曲”（张家口市区），“椴树山有古椴树”（大白杨南2公里），“浩门岭北多松，苍秀如画”（雕鹗北10公里），“螺山果木丛蔚”（怀来县城北7.5公

里）。另据《蔚州志》记载："金天会十三年（1135年），兴燕云两路夫四十万人之蔚州交东山，采木为筏，由唐河开创河道，南运至雄州之北庆州造船，欲由海道入侵江南。"另据元代大书法家赵孟頫书写的《蔚州杨氏先茔碑铭》记载："元世祖忽必烈为盖大都城，任命杨赟为朝廷在蔚州南山伐木'采木提举'，因砍伐有功，后被封为宣德知府。"由此可见，张家口古代大树众多，古树参天，应是事实。

在我国留存至今的古树记载中，有101科、303属、580种（包括变种）。在河北留存至今的古树记载中，有29科、52属、73种。在张家口留存发现的古树中，有22科、33属、49种。

据初步统计，张家口这块地域上有百年以上古树17万多株，而且300年以上古树居多。在这些古树中，油松、杨、核桃、落叶松、葡萄、冷杉、云杉、杏、白桦、榆、柳、杜松、槐、侧柏依次居多，另外，还有不少稀有珍贵树种，包括国家一级保护的银杏和二级保护的核桃楸。同时还发现了诸如板栗、漆树、元宝枫、蒙古栎、小叶朴、文冠果、黑榆、大果榆、脱皮榆、垂枝榆、柽柳等少有树种。在《中国树木奇观》一书中展示的400株古树名木中，张家口有2株，一棵是涿鹿南山区金石片村的"中国第一怪桑"，另一棵是崇礼四道沟村的"河北第一寿星榆"。在《河北古树志》387株（群）古树记载中，张家口占了45株（群）。在《河北省志·林业志》377株（群）古树记载中，张家口占了35株（群）。这些数字，远远没有反映张家口古树的数量和千年以上古树的知名度，这不能不说是一种遗憾。

张家口古树有四个特点：一是数量多。现存百年以上古树，居全国市级之首。二是古老。500年以上古树居华北之冠。同科、同属、同种、同胸围、同树高的古树，张家口因海拔、地质、气候等原因，比南方和南部地区的古树要古老的多。三是奇特。由于特殊的地理及气候原因，现存古树生长于悬崖、岩缝居多，树干、树冠、树根古怪奇特。四是稀有。现存古树中，很多树种稀有，而且分属多科，有的在河北堪称独一无二。

张家口的古树，之所以能够保存下来，有诸多原因，除人为因素外，有的劫后余生，有的受护于宗教色彩之下，有的地处权贵名门、达官显要之住地，从而保存于殿堂、庙宇、名胜、古迹、坟茔、村镇或山林者居多。这些古树是张家口这块热土上非常难得的历史自然遗存，是祖先留给我们的非常珍贵的财富。

关于古树之最

“万木之冠”，令世人称奇。有的已被载入《吉尼斯世界纪录》，而作为“国宝”保护。世界最重的树可达5000吨，相当于33条蓝鲸（每条150吨）的重量。古树的重量因树种和生长地域、年限等原因很难细考，而古树的胸围、树高、树龄却有证可考、有据可查。

先说“树围”。

世界上最粗的古树，当属西西里岛的“百马栗树”，根径51米，根围160米，90人才能合抱，树荫下可容纳一个师的部队乘凉。其次是墨西哥东南部瓦哈卡州的“尖叶落羽杉”，胸径14.8米，胸围46.5米，30人才能合抱。再次是中国台湾阿里山的“红桧王”，胸径14米，胸围44米，27人才能合抱。

中国最粗的古树自然是世界排名第三的台湾阿里山的“红桧王”。第二粗是云南保山市的“亚洲巨榕王”，胸径9.07米，胸围30.5米，18人才能合抱，覆盖面积近3亩。第三粗是江西省安福县的“古樟王”，胸径6.84米，胸围21.5米，15人才能合抱。

河北最粗的古树是邯郸市涉县固新镇固新村的“古槐王”，胸径5.4米，胸围17米，11人才能合抱。第二粗是涿鹿县谭庄村的“中国第一寿星槐”，胸径3.5米，胸围11米，7人才能合抱。第三粗是邢台市内丘县南宽乡寺沟村的“古银杏”，胸径3米，胸围9.5米，6人才能合抱。

张家口最粗的古树当属在河北排第二的“中国第一寿星槐”。其次是怀来县新保安镇的“京西第一神槐”，胸径2.53米，胸围7.95米，5人才能合抱。再次是崇礼县喃北营村的“河北第一粗杨”，胸径2.42米，胸围7.6米。

再说“树高”。

世界上最高的古树当属澳大利亚的“桉树王”，高达132.5米。第二高是美国加利福尼亚州的“巨杉”，高达110米。第三高是美国道格拉斯县的古松树，高100多米。

中国最高的古树当属云南省西双版纳的“望天树”（龙脑香），高达63.5米。第二高是广西金秀瑶族自治县的“马尾松”，高达61.4米。第三高是新疆巩留县库尔德宁的“雪岭云杉”，高达60米。

河北最高的古树当属张家口市涿鹿县矾山镇三堡村“黄帝泉”边的“天下第一轩辕杨”，高达33米。第二高是涿鹿县龙王堂村的“中国第一蚩尤松”高达32.5米。第三高是承德市丰宁县老西营村的“落叶松”，高达32米。

张家口最高的古树除在河北列前两名的两株古树外，第三高是赤城大海陀国家级自然保护区的“陀山第一双杆松”，高达30米。

最后说“树龄”。

世界上最古老的古树当属塔斯马尼亚的一棵“枸骨叶冬青”，4万年古树桩上长出新枝。其次是日本的“雪松”，树龄7200多年。再次是美国加利福尼亚的“巨杉”，树龄6500多年。

中国最古老的古树当属河南省登封市的“古柏王”，树龄5000多年。其次是河北省张家口市涿鹿县“黄帝泉”边的“天下第一轩辕杨”，古杨为轩辕黄帝亲手所植，九枯九生，现在看到的是第九次生出的新枝，根龄距今已有4700多年。再次是山东省日照市莒县的“古银杏”，树龄3300多年。

河北省最古老的古树当属全国第二的张家口市涿鹿县的“天下第一轩辕杨”。其次是张家口市涿鹿县谭庄村的“中国第一寿星槐”，树龄3000多年，现在看到的是因盖房修路垫高离根部1.5米以上的部分。再次是张家口市涿鹿县南山区金石片村的“中国第一怪桑”、涿鹿县槐树沟村的“天下第一白蛇槐”、怀来县新保安镇的“京西第一神槐”和秦皇岛市抚宁县的“古银杏”，树龄均在2500年以上。

除综合排位外，按单树种排位，张家口古树排在全球、全国、全省前列的还有：

天下第一核桃王古树群（涿鹿南山区）
中国第一古核桃乡（涿鹿南山区）
中国第一古核桃村（涿鹿南山区）
中国第一龙爪文冠果（涿鹿唐家洼）
中国龙眼葡萄王（涿鹿外虎沟）
中国牛奶葡萄王（宣化区盆窑）

华北第一道观古松群（赤城金阁山）
华北第一祖松群（赤城大海陀）
华北第一香（宣化深井）
华北第一杜松群（尚义小蒜沟）
华北第一麻梨（涿鹿南山区）
华北第一楸（蔚县柏树乡）
华北白蜡王（涿鹿南山区）
河北第一寿星榆（崇礼四道沟）
河北第二粗榆（赤城上马山）
河北第一独石群榆（赤城独石口）
河北第一柳（张北大尖山）
河北第二粗柳（赤城碾子湾）
河北第一寿星柳（蔚县山门庄）
河北山核桃王（涿鹿南山区）
河北第一元宝枫（下花园辛庄）

按古树的形状排位，张家口古树排在全球、全国、全省前列的有：

天下第一巨蟒松（赤城大海陀）
天下第一双鳄松（赤城大海陀）
天下第一怪榆（涿鹿龙王堂）
中国第一图腾杆（涿鹿龙王堂）
中国第一U字杉（蔚县小五台）
中国第一牛眼槐（怀来北袁营）
中国第一卧龙柳（万全永安堡）
中国第一狮子柳（蔚县沙子坡）
中国第一卧麟脱皮榆（赤城大海陀）
华北第一雀屏文冠果（蔚县陈家洼）
华北第一三国松（赤城大海陀）
华北第一罗汉杆（怀安虎卧寺）
华北第一龙爪榆（宣化小化家营）
华北第一蜗牛核桃树（涿鹿南山区）
华北第一长角怪物核桃树（涿鹿南山区）
华北第一直角卫矛（蔚县沙子坡）

河北第一桦抱石（赤城大海陀）

河北第一槐抱榆（涿鹿温泉屯）

河北第一凤爪杆（涿鹿塔儿寺）

按古树的别名排位，张家口古树排在全国、全省前列的有：

天下第一白蛇槐（涿鹿槐树沟）

中国第一蚩尤松（涿鹿龙王堂）

中国第一蚩尤杉（涿鹿柳树庄）

中国第一十八学士松（赤城孤石）

中国第一八仙榆柳（怀来五营梁）

华北第一三教松（蔚县重泰寺）

华北第一结义槐（涿鹿黄土坡）

华北第一边界标志榆（尚义杏元沟）

华北第一七仙香（蔚县小寺沟）

河北第一见证杨（宣化申家屯）

河北第一炬禅杆（涿鹿塔儿寺）

河北第一裙子杆（赤城镇安堡）

古树胸围，显示敦厚古朴，威武雄壮；古树高度，彰示居高凌风，通天向上；古树树龄，昭示历经沧桑，历史厚重；古树形状，展示天工巧成，造型独特；古树别名，暗示饱含历史，寓义深重。这些弥足珍贵的“自然极品”，我们应该倍加珍惜和爱护。

关于古树的价值

古树是祖先留给我们的珍贵绿色遗产，具有极高的经济、历史、科学、文化、旅游、生态及政治价值，它记载着一个地域的自然、历史和文化内涵，是一个地域“政治经济生态学”的“活史料”。它代表了一个地域的形象。

古树具有可观的经济价值。张家口市百年以上的古树树冠覆盖面积多在半亩到一亩，最大的树冠达到了一亩半。按覆盖一亩为例，根据科学家测定统计：一亩山毛榉树一年内可吸纳粉尘4.5吨；一亩柳杉每年吸收二氧化硫、硫化氢等气体46.7公斤；一亩阔叶树一天吸纳二氧化碳66.7公斤，释放氧气42公斤。此外，树叶还可用它分泌出的杀菌素杀死危害人类健康的病菌。印度加尔各答农业大学教授达斯运用经济学方法精心计算，得出如下惊世结论：一棵50年大树，死材价值是625美元，市场价格只有50~125美元，而50年活树的价值是19.625万美元。这一价值由三方面因素构成：一是每年释放1吨氧气，50年生产氧气价值3.125万美元，同期防止空气污染价值6.25万美元；二是防止水土流失、土地沙化及增加土壤肥力产生的价值为6.875万美元；三是为牲畜遮风避雨、鸟类筑巢栖息，促进生物多样性产生的价值约为3.125万美元，同期创造出的动物蛋白质约0.25万美元。19万多美元的价值，还不包括大树调节气候、美化环境、开花结果所产生的价值。如果是百年千年的古树，其价值更是大得惊人。这一非常可观的经济价值是用科学方法精心统计出来的，我们应该确信无疑。

古树具有珍贵的历史价值。古树讲述地球的历史，古树记载一个地域的历史变迁。一棵古树，往往和一座城市、一个村镇、一个庙观的历史相联，祖辈留传下来的民间古树故事，每每涉及朝代和历史名人，以树比物，以树喻人，生动具体，活灵活现。所以说，古树是当年大自然变迁的历史见证，是地域历史的丰碑，是研究林业历史的“活资料”。

古树具有难得的科学价值。古树的科学价值，在于它蕴含着极其丰富的科研内涵，是探索大自然奥秘的钥匙。在这些亘古孑遗、珍贵稀少的古树身上，记录了山川、气候等环境巨变和生物演替的信息，记录了降水量、地下水的年代变化，记录了当地的丰年、灾年及农民的喜乐和忧愁。古树是绝对的优种，每一棵古树都是一座值得研究的基因库，在其复杂的年轮结构中，在其核染色体的迷宫中，记录和蕴含着可供我们发掘利用的信息和基因。这是历史留给我们的“天然课题”，这些天然记录对研究植物区系的发生、发展和研究古生物、古气象、古地理、古地质、古基因、古年景等极具参考价值，资料十分难得，意义非常重大。

古树具有可贵的生态价值。它的生态价值，主要表现在六方面：一是树有多高、根有多深，根扎大地、根系固土；二是古树参天，枝叶茂密、绿色屏障、挡风减灾；三是“巍峨的云冠，清凉的华盖”（郭沫若语），可以遮天蔽日，消夏避暑；四是绿叶蓬松、芳香吐露，可以美化环境，增添气息；五是春夏时节，枝繁叶茂，可以造氧吸炭，消音吸尘；六是“草木繁茂、禽兽繁殖”(孟子语)，因而成为鸟类繁殖栖戏的乐园。这六个方面的生态价值，体现出一种人与自然的和谐。

古树具有丰富的文化价值。它的文化价值，越来越被古今有识之士重视。我国五千年的华夏文化，光辉灿烂，古树文化同样闪烁着耀眼的光芒。古有轩辕柏、孔子桧、项王槐、书圣樟、李白杏、东坡棠、朱熹杉之载，今有中山松、主席栗、总理桂、小平榕之传，还有“佛树”、“神树”、“风水树”、“祖宗树”等文化教化之说。古树与宗教、民俗文化融为一体，受到一代又一代人的崇敬和爱护。古往今来，文人骚客、民间艺人有很多吟叹赞颂古树的诗词、碑刻流传下来，诗为树吟，树为诗传，诗树相融，影响深远。这是因为树是平原的脊梁，树给了平原骨骼和俊美的轮廓，有了树，平原才有了跌宕，有了动感，才有了激情和诗意。所以，德国哲学家海德格尔说：“古树是诗意的栖居。”古树是一座城市文化品味和精神素养的象征。古树的存在，深刻地反映了中国树木文化的特色和中华民族悠久的历史传统。

古树具有极高的旅游价值。古树是大自然天地合一，天工开物的杰作，是中华民族五千年来精心培育和保护下来的珍贵遗产。古树，天造地设，鬼斧神工，不拘神态，妙趣横生；古树，栉风沐雨，傲雪凌霜，挺拔撑天，翠色迷人；古树，华荫如盖，木色天然，千姿百态，柔韧高洁；古树，绿叶蓬松，清秀玲珑，风骨各异，性情迥然；古树，伟岸粗犷，苍老遒劲，默默无闻，铁骨铮铮；古树，如龙如凤，似兽显形，栩栩如生，独具魅力；古树，虬根盘结，苍龙凌波，锚钩抓地，力撼千斤；古树，奇花异果，百枝绽放，异彩纷呈，神奇奥妙。古树还随季节展示其婆娑之态，苍劲之美，沧桑之叹，传神之韵，因而，一年四季皆景。春季，新叶滴翠，花蕾放香，使人赏心悦目；夏季，繁花似锦，芳香吐露，使人心清气爽；秋季，绿树霜天，翡翠风韵，使人视觉一新；冬季，雪后凌风，古朴庄重，使人赞叹不已。正如著名散文家余秋雨先生对古树描写的那样，“枝干虬曲苍劲，黑黑地缠满了岁月的皱纹，光看这枝干，好象早已枯死，但在这里伸展着一悲怆的历史造型，就在这样的枝干顶端，猛地一下涌出了那么多鲜活的生命，娇情而透明”。古树，是镶嵌在祖国大地上的明珠，它们的身影，为山水园林增添异彩，为旅游景区增加亮点，为古堡村镇添绿壮威，给人们带来绿的情趣和美的享受。台湾女散文家罗兰感受至深地这样说：“我对树的欣赏远胜过花的喜爱。”古树具有很高的观赏价值，是名胜风景区里一道靓丽的风景线，是非常难得的旅游资源。有识之士，有情之侣，高雅之人，一定会对游览观赏古树产生兴趣。

古树具有一定的政治价值。它的政治价值，主要体现在三方面：一是生态文明的象征。人类将在农业文明和工业文明之后，进入到生态文明的新阶段，人与自然的和谐相处，则是生态文明的主要特征，这是党的十六大提出的人与自然统筹发展和十六届四中全会提出的增强构建和谐社会能力的一个方面。二是一个地域古树的保护利用程度，既是政治文明的体现，也是精神文明建设程度的一个标志。三是安定编史、盛世修志，这其中包括古树志。古树入志，政治寓意深远。

关于古树的象征意义

古树以其古老的树龄、寓义的冠名和独特的身姿，蕴含着多重象征意义。

首先它是文化繁荣兴旺的象征。现在保存下来的古树，多带有民间文化和宗教教化色彩，而在文化贫困的地域上，古树很难保存下来。文化繁荣、经济发展、地域兴旺，人们自然会唤醒和动物、植物和谐为邻的意识，自然会唤起对古树的感情和保护行为，自然会在不同地域出现树木众多，古树参天、冠荫覆地的景象，这是回归之道和人之常情。

古树是和平安定的象征。战争年代，兵荒马乱，四处岌危、生灵难保。为了战争需要而不惜牺牲一切。有的参天古树被作为临时桥梁，有的优质古木被做成枪托炮架，还有的古树就地伐倒，被当做路障。诸如此类，举不胜举。和平安定时期，人民安居乐业，人们就会植树造林，保护古树。古树自然成为和平安定的象征。

古树具有“接力棒”的传承意义。祖先把古树这笔有形“活遗产”留存下来，我们能否像接力赛一样传承下去，这是历史和自然向人类提出的课题。我们只有把现有古树或即将成为古树的大树，像传承“家业”一样传承下去，才能做到“后继有树”。

古树是城市及景区的“名片”和村镇地域的“标志”。缺少古树的城市，就会缺乏历史的厚重；没有古树的景区，就缺乏生机和活力；没有古树的村镇，就显得缺少古老的标志。德国汉诺威因有“古萨提”而令世人前往欣赏；陕西黄帝陵因有“轩辕柏”而名传遐迩；山西洪桐县因有“大槐树”而成为寻根问祖之地；安徽黄山因有“迎客松”，而成了世界名山的标志，进而入选人民大会堂的会见厅正壁；涿鹿“黄帝城”、“蚩尤寨”因有“天下第一轩辕杨”、“天下第一怪榆”、“中国第一蚩尤榆”、“中国第一图腾杆”、“中国第一蚩尤松”而名声鹊起，游客倍增。

古树具有各种纪念、寄托意义。树木之所以能够成为古树，都有其特定的讲究。如古松柏，取其万古长青，名入青史之意，往往栽植保存于皇家园林和寺庙观宇。古柳槐，取其留念、留恋、怀念之意，更多地栽植保存于村镇街头、庙宇和民间坟茔。古榆树，取其“富富有余（榆）”、“年年有余（榆）”之意，大多栽植保存于村镇街头和古院落。古杆树，取其杆与钱同音，杆长及钱长之意，往往栽植保存于大户、富户宅院及寺院。古枣、古桂树，取其早生贵子之意，古杏树，取其幸福之意，往往栽植保存于民间的庭院。这种纪念、留念、寄托的寓义，对古树保护有益，应当积极倡导。

古树具有爱情象征意义。人与树为伍，有树就有生气、就有爱情、就有曲折神奇的故事。从古典及名人诗作中，经常可以看到比喻爱情的古树描写，譬如“在天愿作比翼鸟，在地愿作连理枝”、“并蒂柳”、“望夫榆”、“贞节松”等，更为有趣的是，在张家口到崇礼县城路旁，有一个瓦窑村响铃寺，古寺遗址前有两棵元至正四年（1344年）栽植的白榆、白杆“夫妻树”，含白头偕老、双白共寿之寓义。两树相间4米，通天齐长，树型高度基本一致，已成为当地一道靓丽的旅游风景线，凡到崇礼踏青、避暑、观光、滑雪者，无不停车观赏拍照，一览双白姿韵，二悟深刻寓义。

古树是大自然的灵魂。古树这一地球上的“绿色寿星”，有“一树擎天”（苏东坡语），主宰自然之作用，有改造自然、改善环境之功能。古树是自然界有灵性、有情感的植物，古树带领它的家族在一步步占领自然界的土地，在和其他草木竞争中，敢于捷足先登，敢于扩张领地，敢于出人头地。树木家庭的繁茂，在逐步改变自然界的气候和地质，在逐渐改善地球的环境。从古树的多重价值和固有本性来讲，说古树是大自然的灵魂，实在是恰如其分。非洲尼日尔曾为地图上标出的唯一古树“特内雷树”之死，举国致哀，在国家博物馆建起了“神树亭”，以志永久纪念。可见对“自然灵魂”的崇拜程度。

“树老根弥壮，骄阳叶更荫”（王安石诗）。但愿古树这一大自然的灵魂，永远改变自然，主宰大地。

关于古树的启示

读书是学习，读树也是学习。这种学习，是一种在户外感受自然、师法自然的学习，而且是自然科学中非常重要的学习。若能读出古树的沧桑，听懂古树的倾诉，感悟到古树的内在精神，那你的爱便到了超凡脱俗的境界。通过读树学习，“应当让人们读懂和尊重树木的权利”（约瑟芬·约翰逊语）。古树是大自然中的强者，在古树身上蕴含和显示出值得人类崇尚学习的意志和精神。

一是不畏艰难的顽强精神。树木之所以成为古树，是经过与各种自然界外力因素拼争出来的。古树不挑剔土质，不选择环境，一旦扎根，就一如既往，顽强生长。古树不畏严寒霜冻，不畏风刀雪剑，不畏盛夏酷暑，不畏气候变迁。特别是生长在岩缝等自然生存环境恶劣的地方，它们更是不畏一切艰难困苦，顽强向上。它们能够在恶劣的环境中成为参天古树，本身就说明它们是大自然的勇士，是绿色生活的强者。特别是闻名于世的古银杏，在日本广岛遭原子弹爆炸后，万木俱焚，唯有引种中国的古银杏却安然无恙，人所共知的胡杨树的“三个千年”（生而不死千年、死而不倒千年、倒而不朽千年），更是古树中的顽强代表者。古树这种不畏艰难的顽强精神，实在值得人类钦佩和学习，特别是人生怕苦的人们，更应在观赏古树中扪心自问，举头三思。

二是根扎大地的深入精神。古树之所以粗壮挺拔，是因为既吸吮日月精华，又吸吮大地营养。主根、支根、毛根深扎大地数十米，伸向面积达数百平方米的大地深层，将生命的意志凝结于地底。这种脚踏实地、敢于根入大地底层的深入精神，值得人们在做群众工作中学习借鉴。提高执政能力，必须稳固执政基础，这个基础，就是人民群众。树根扎不深，树干长不高。深入基层，深入群众的深度和广度，决定了掌握民情的程度，也决定了解决人民根本利益问题的力度。在这一点上，我们应向古树学习，主动自觉地按照胡锦涛总书记提出的“到三个地方去”（困难大的地方、矛盾多的地方、工作推不开的地方）的要求，“心入大地”，汲取营养，奉献内力。

三是拼争向上的竞争精神。古语云：“适者生存，竞者向上。”竞争二字，在自然界展示得最充分、最彻底。万物竞争，只有古树拔地而起，脱颖而出，而且永远向上，没有一种顽强的毅力和拼争向上的精神是做不到的。市场经济中的竞争程度、复杂程度、风险程度，比自然界的竞争更激烈、更残酷，优胜劣汰，生存第一是大势所趋，人心所向。在这方面，我们不妨学习汲取一下古树历经沧桑、饱经风雨的竞争向上精神。因为古树是大自然的强者，竞争的胜者。

四是踏实厚重的务实精神。古树在植物界以其踏实、厚重、内凝的性格和精神不言而名。古树从不炫耀自身的粗壮高大，却引来了一批批有识之才的观赏、拍摄和宣传；古树从不夸耀自己的冠韵和绿荫，却吸引了一伙伙过往行人在树下纳凉乘快、说地谈天；古树从不向鸟类述说自身的好处，却招来了一群群鸟类朋友的筑巢育雏、鸣歌嬉戏。古树的沧桑凝重，给人一种凝敛厚重、朴实无华和脚踏实地的感受，并可消减人身上不应有的肤浅宣泄和浮躁急躁，还能激发人的上进心和自信心。常观古树，可增添人身上的骨气和志气，也可磨掉人身上的傲气和惰气。特别是性格张扬者，更应学习借鉴古树内凝厚重的性格。人只要放下架子，勇于学习古树踏实、务实、求实的精神，我们的事情一定能做好。

五是回报人类的奉献精神。“人培育树，树回报人”。我们从上述古树的多重价值中已经有所感悟，但古树对人类的回报还不止于上述提到的东西，它对人类的回报奉献实在是不胜枚举。面对古树，人们应当仰望和感恩。对于古树知恩回报、无言奉献的精神，人类应该对照反思并汲取学习。人生百年，转瞬即逝。在短暂的人生中，人应该做什么，做好什么，奉献什么，只要和古树交友，常观古树，常思己过，答案自在其中，疑虑迎刃而解。

古树给人类的启示和世人应该学习的地方还很多，恭请有识之士一起观赏、回味和探索。

关于古树的保护

文物不可再生，死树不可复原。

地球上大树成不了古树，古树不能传承，责任在人。远古不讲，单说当代。20世纪70年代初，一梁28棵近千年“星宿松”，在“深挖洞，广积粮”中，梁底挖洞，树根受风，23棵枯死，至今只存5棵。80年代初，一地为盖影剧院，而砍倒了近千年的古松；80年代中期，一地因火灾，两千年古榆烧死。与此同时，一些古树王、古树爷在人们不经意中，长期饱受病袭虫害、烟熏火燎，而人们却司空见惯，不以为然，即使有人指责，也是曲高和寡，闲管无力。这些对不住“自然神灵”的事例，让人触目痛心。

“绿色缺席的背后，其实是人心的荒芜”（《树读》作者语）。现代科学发现，草木具有“情感呼应”。砍伐一株绿色生命的同类，仪器可显其求恕、泣诉的颤抖微音。当人类走过一个文化周期后，才发现背叛草木是很大的罪过，砍伐古树是历史的罪人。

“生态赤字，万物俱赤”，“树怕伤根，人怕伤心”。让死树为碑，权作纪念，以昭后人，以此为戒！

古今中外，善待保护古树者也比比皆是。暴君秦始皇“焚书坑儒”，但不烧“种树之书”。清朝左宗棠“爱树如命”，所栽柳树，被称为“左公柳”。爱国将领冯玉祥在保护古树上，更是语出惊人，“老冯驻徐州，大树绿油油，谁砍我的树，我砍谁的头”。在国外，保护古树，更是提上了重要日程。1984年，罗马俱乐部科学家强烈呼吁：要拯救地球上的生态环境，首先要拯救地球上的古树。印地安人警告：“等你把最后一棵树刨出时，你才知道，钱是不能吃的。”马六甲海峡群岛的人将开花树视为“怀孕”，树下禁止喧哗，不准烧火。亚马孙河流域市长办公室两棵古树破屋而出，“爱树如屋”。江苏为绕开一棵古树，修路增资八千万。重庆为保一棵古玉兰，宁可少建四层楼。这些高人之举，让世人钦佩。

河北省委、省政府对古树保护极为重视。张家口市委、市政府把古树保护和旅游开发列入议事日程，把古树列入文物保护范围，对古树普查、上户、入档、定位、定级、命名和树碑，并就古树的保护和开发利用专门下发通知，提出具体要求。之后，赤城县拨50万元专款，用于古树的保护和开发。这些有识之举，应大力倡导。同时，把一个地域的古树全部列入文物保护范围，实属创新之举，开了保护之先。

保护古树，就是读懂了唯物辩证法，就是读懂了生命的哲学。

保护古树，就是保护地球上古老的生命，就是保护人类的家园，就是保护我们自己。

保护古树，应该积极倡导“尊老爱幼”这一中华民族的优良传统。当人们爱护幼树像呵护自己的孩子那样（因为幼树是古树的继承人），保护古树像赡养老人那样，古树才能参天蔽日，国家才能绿色满园。

保护古树，应当成为我们这一代人的“绿色使命”、“历史责任”和“政治交待”。

雄伟挺拔的古松

京西第一迎客松　（一级保护）

古油松位于怀来县王家楼回族乡长安岭村旁，其对面的山头另有一株古油松。树高分别为18米、14米，胸围分别为355厘米、240厘米，冠幅分别为24米×24米、16米×16米，树龄均为589年。两株古松地处公路两侧一高一低的两个山头，均长势苍劲，绿荫如盖，遥遥相望，被中外游客誉为"迎客松"。

长安岭明洪武元年（1368年）称丰峪驿，明永乐十年（1412年）筑城池定名长安驿，明正统元年（1436年）都督杨洪筑城墙高3丈，城楼四座，置城门2座，因城堡筑于长安岭上，取名"长安岭"。此城呈不规则橄榄形，东西城尖延伸山上，好似凤凰展翅，故名"凤凰城"。

两株古松栽于建城之初，相传此二株古松为守城主将两子的化身。主将的两子曾各守东西两个城尖，后因城内西侧又筑内墙一道，以此取代东西城尖防守之功能，二子自觉其作用贻无，心情郁闷，不久仙逝，化作二株古松，遥遥相对。

此株古松被载入《河北省志·林业志》和《河北古树志》。

中国第一蚩尤松 （特级保护）

古油松位于涿鹿县矾山镇龙王堂村村委会院内。树高32.5米，胸围393厘米，冠幅21米×21米，树龄1500年以上。

此地是古代黄帝战蚩尤遗址之一，属于蚩尤部落营地。据《魏土地记》载，"涿鹿地（今矾山古城）东南六里有蚩尤城，蚩尤泉出蚩尤城入涿水。"距古蚩尤城址约300米处有一眼蚩尤泉（曾改名龙泉）。传说，五千年前，蚩尤在此汲水饮马，驰骋沙场，战败被杀，英魂不散而集于泉边，遂长出此株油松，故此树被称为蚩尤松。此树枝叶苍翠，遮天蔽日，树干苍劲挺拔，笔直向上，气势雄伟，象征蚩尤雄武骠悍，刚直不阿的性格。

现在，蚩尤松成为后人凭吊先祖的神圣之树，并被载入《河北省志·林业志》和《河北古树志》。

古油松位于涿鹿县南山区董家站村对面山顶上。树高15米，胸围375厘米，冠幅8米×10米，树龄1000年。

古松昂首挺胸，主干斜长裂纹，恰似将军身挂佩带，镇守山关，故被当地人尊称为“京西第一将军松”。其身侧低处，有被称为“二将军”、“三将军”及诸位将士的古松20多株。远处望去，威严挺立，威武雄悍，好一片北国将军松。

京西第一将军松 （特级保护）

京西第一高原古松群　（特级保护）

尚义县小蒜沟镇孙沟村东南方的山沟里有一片天然的古油松林，该村也由“松”的谐音而得名为：孙沟。

由沟口进入沟内长7华里范围内，古油松沿陡峭的山坡零散分布。较集中的一处有五六亩，生长着300多棵古油松。其中最大的一株高16米，胸围270厘米，冠幅12米×11米。此油松林树体虽大小不等，但传说树龄都在1000年以上。由于整个山坡都由石头构成，且坡度达60度，立地条件很差，古油松林生长于石缝之间，虽密度稀疏，但株株粗壮遒劲，生长繁茂，千姿百态，极尽沧桑。

中国第一卧龙松

（特级保护）

涿鹿县黄羊山国家级森林公园清凉寺内有千年以上古油松四株，树高分别为10米、20米、28米、25米，胸围分别为157厘米、173厘米、220厘米、157厘米，冠幅分别为16米×16米、15米×14米、8米×8米、3米×3米，同年所栽，树龄均在1000年以上。

其中一棵古松位于该寺藏经殿前，松枝盘曲，形似卧龙。相传寺院方丈午休时梦见藏经殿外一龙卧于树下，起来观看果有一人，此人便是外出寻父正在此树下小憩的康熙皇帝，故得名为“卧龙松”。尤为神奇的是，拉拽一枝而全树抖动，因此又称“活动树”。

清凉寺外环山的古松，共有30株，树龄均在200年以上，笔直挺拔，成双成对，如孪生兄弟，传说是聚宝盆埋于两棵一样的松树下，而映出满山奇松。

清凉寺建于唐代，占地面积33万平方米，有殿堂庙宇50间，佛事兴盛的辽代曾重修过，到明成化年间，寺院衰落，清康乾时又有修葺，迄今已上千年。现寺庙重修，建成黄羊山国家级森林公园，游人如织。

华北第一三教松 （一级保护）

古油松位于蔚县涌泉庄乡崔家寨村重泰寺院内。树高12米，胸围350厘米，冠幅14米×20米，树龄800年。古松从1.5米高处分为两个枝杈，呈相同角度张开。南端一枝的树冠十分平展，如一柄蒲扇；北端一枝蜿蜒伸展，似一条巨蟒在空中舞动。

此树所在的重泰寺始建于宋辽时期，占地13100平方米，是蔚县保存最为完整、房舍最多的一处古建筑，现为省重点文物保护单位。此树所在地正是三教（佛、道、儒）楼位置，树楼合一，相得益彰。此树本分三杈，代表三教，后被砍去一杈，呈现在树状，实在可惜，但仍不失树楼古韵。200年后，又在寺院西长出一株松树（华北第一小三教松），仍分三杈，尤为神奇。

华北第一小三教松 （一级保护）

古油松位于蔚县涌泉庄乡崔家寨村重泰寺院西。树高15米，胸围200厘米，冠幅5米×5米，树龄600年。主干在高5米处分三杈，主枝开张角度小，枝杈聚拢，密集生长，树冠紧缩，形如一把巨大的绿色火炬。

重泰寺院内有三教楼，树的三杈正好代表了三教。“小三教松”因院内的“三教松”而得名。

重泰寺坐北面南，由南向北依次是山门、弥勒殿、千佛殿、观音殿、释伽殿等，分前、中、后三大院，有钟鼓楼1座、藏经楼2座，还有配殿、碑亭、禅房等，全部房舍共40余间，建筑形式均属单檐硬山布瓦顶，砖木结构，飞檐斗拱，错落层叠，异常壮观。

京西第一迎宾松 （一级保护）

古油松位于涿鹿县南山区泥海子村东山顶上。树高10米，胸围380厘米，冠幅15米×13米，树龄800年。古松飞云蔽日，长势茂盛，气势宏伟，似迎贵宾。此松有三个奇特之处，一是生长山顶，居高临下；二是枝干盘龙扭曲，造型典雅；三是冠形扁平向下，如伞似棚。过往行人，无不顿足翘首，留连忘返，更被许多摄影爱好者青睐。故称“京西第一迎宾松”。

京西第一旗杆松 （一级保护）

古油松位于赤城县云州乡观门口村金阁山林区。树高18米，胸围325厘米，冠幅14米×16米，树龄700多年。树干笔直，高干挺拔，传为“金阁山灵真观”院内的两根旗杆之一，后长成参天大树，

相传，早年有金阁仙人修炼于此，故名金阁山。全真教大宗师丘处机（号长春）的四传弟子祁志诚至此筑观行道，名“云溪观”，苦修十载，誉盖朝野。南宋淳佑十年（1250年），朝廷赐名“崇真观”。明正统年间，戎边名将昌平侯杨洪大兴土木，拓地扩建，使这块道教圣地更加辉煌森严，灵显四方，从此易名“灵真观”，清帝康熙也曾巡幸于此。所以，此处堪称塞上道观之最。

京西第一斜头松（一级保护）

古油松位于崇礼县西湾子镇瓦窑村西的“响铃寺”旧址。树高27米，胸围195厘米，冠幅6米×6米，相传为建庙时所栽，距今660年。古松树体高大，长势壮观，枝条横生，形如龙爪。因树干斜生，树冠偏斜，故名“斜头松”。

华北第一同胞松　（一级保护）

两株古油松位于怀来县孙庄子乡上枣沟村。树高分别为13米、11米，胸围均为320厘米，冠幅分别为12米×12米、12米×13米，树龄均为600年。两树大小相仿，并排而生，竞相生长，犹如同胞兄弟，树冠扁平，相距十余米而枝条相接，长势非常旺盛。

相传清朝初年，有一人到此沟寻儿不见，后在此定居，取名“找儿沟”，后人厌其名，又因地处南部山区，地势较高，改称“上枣沟”。

京西第一太平松 （一级保护）

古油松位于蔚县吉家庄镇宗家太平村西南角。树高21米，胸围230厘米，冠幅11米×10米，树龄600年。

宗家太平村为明万历二十年（1592年）建村。因宗姓居多，人们向往太平无灾，故取名“宗家太平”，“太平松”也因地名而得。村西南有三座庙呈品字分布，最北边的一座为三官庙，南边西侧的一座为奶奶庙，东侧的一座为关帝庙，三座庙大约建于明末清初。此古松就位于关帝庙前，现庙废人空，遗址无存。

京西第一二十八星宿松 （一级保护）

古油松位于赤城县赤城镇松树梁的烈士陵园内。原为28株，现存5株，其他23株由于地下挖有战备洞，根系受风而枯死，所余5株均高大挺拔，长势苍劲。古松树高21～24米，胸围310～350厘米，冠幅7～23米×10～19米，树龄均为575年。

据《赤城县志》记载，明宣德五年（1430年）建赤城，为求风调雨顺，人民安居乐业，据天上的二十八星宿，在村的高坡处栽松28株。松树长成便有灰鹤（鹭）相约栖息其上，白天到云州附近的水面戏水取食，夜栖于此。直到1976年，由于有人射杀，灰鹤再未回到松林。现在古松已被精心保护，期待“松鹤延年”的画面再度出现。

二十八星宿松被载入《河北省志·林业志》和《河北古树志》。

京西第一虎卧松 （一级保护）

古油松位于怀安县灵官庙林场虎窝寺林区的虎窝山上。树高24米，胸围330厘米，冠幅22米×20米，树龄500年。此树树干笔直，树体高大，枝条遒劲，挺拔参天。

据虎窝寺碑记，明成化十二年（1476年），高僧德玉游方至此，睹风气秀异，宛然西方境界，欲在此建一寺院。但此地为虎窝，一老虎卧于大石之上，于是向老虎说："我今事此土，为佛演教，造一方福利，尔业障深重则啖我，尔性真不昧则避我，我将辟山铸像卓锡于兹。"老虎闻此言，摇尾点额，随率其种类远遁而去。德玉和尚便在此建起了一座寺院，曰"虎窝寺"。寺院南，古松侧老虎曾卧的石头被后人称作"虎卧石"，该石高3米有余，长5米多，宽3米左右，周围凸起，中间凹陷，形成一个天然的石窝，其上至今仍留有虎的爪痕。"京西第一虎卧松"也由此得名。

华北第一陀峰松 （一级保护）

三株古油松位于赤城县大海陀国家级自然保护区黑龙潭沟山顶。树高分别为17米、16米、15米，胸围分别为314厘米、283厘米、254厘米，冠幅分别为16米×14米、13×13米、12米×12米，树龄均为500年。三株古松天然所生，高居峰顶，鼎足而立，枝条交接，连为一体。远看一片绿，近看分三株，傲霜斗雪，独领风骚。

在海陀山东麓峡谷间，一条瀑布飞流直下，落入一石洞中，当地人称"黑龙潭"。传说潭中黑龙因行错了雨，被玉帝贬下凡间受苦三年，于是黑龙便到一孔姓人家当长工，为民间做了不少好事。黑龙服罪的三年期间，龙潭被白龙抢占，当地百姓便按照黑龙的说法，潭中白沫翻上来就用湿柳木棍打，黑沫翻上来就扔馒头，帮助黑龙制服了白龙，夺回了黑龙潭。以后，附近人们遇到干旱就到黑龙潭祈雨，一直流行了多年。

京西第一三义松 （一级保护）

古油松位于蔚县宋家庄镇上苏庄村。树高30米，主干高22米，胸围300厘米，冠幅8米×8米，树龄500年。古松主干笔直高耸，树冠圆形，枝叶茂盛。

古松东南侧，有一座明代建筑的“三义殿”，是供奉刘备、关羽、张飞的地方。殿内壁画栩栩如生，形象逼真，保存完好。“三义殿”南对“灯影楼”是当地元宵节重要灯火之一，别具特色，举世一绝。“三义殿”西北侧，原有三棵古松，人称“三义松”，后被人伐倒两棵，仅存其一。

上苏庄村，因下游水患，盼望复苏而得名。村内古建林立，文物众多，是游人观古揽胜的上佳去处。

南山第一松 （一级保护）

古油松位于涿鹿县南山区谢家堡村路旁。树高24米，胸围290厘米，冠幅20米×19米，树龄500年，位居南山区之首，故称“南山第一松”。古松主干笔直挺拔，上部分枝密集，冠幅巨大，枝叶浓郁，青翠欲滴，长势极盛。因位于村南路边，其中一侧分枝伸展较长，如伸手迎客，村民视之为迎客神树，而倍加爱惜。

京西第一鹤巢松 （一级保护）

两株古油松位于赤城县云州乡镇安堡村北的泰山庙旧址。相距3.3米，树高均为21米，胸围分别为290厘米、280厘米。两株古松如兄弟般东西并列，携手共生，树冠相连，整体树冠呈圆形，总冠幅20米×19米，树龄均为500年。

古松树冠上有很多灰鹤和其他鸟类栖息其上，布满了大小不等的鸟巢，大约有50多个。每日早晚，灰鹤往来翻飞，鸣叫不绝，非常壮观，故名“鹤巢松”。

京西第一歪脖松　（一级保护）

古油松位于涿鹿县南山区泥海子村东山坡上。树高5米，胸围280厘米，冠幅4米×3米，树龄500年。

古松生长在山顶斜坡上，呈东南斜长之势。树干粗壮，基部盘根错节。更为有趣的是，树冠歪向一侧生长，成为松中奇景，因而被誉为“京西第一歪脖松”。

京西第一聚宝松 （一级保护）

古油松位于宣化区庞家堡镇大蛤蟆口村东山的奶奶庙旧址，共两株。树高分别为21米、19米，胸围分别为280厘米、210厘米，冠幅分别为18米×19米、6米×7米，树龄均为500年。现小的已死，大的高大挺拔，长势旺盛。

相传在很久以前，寺庙的房后有一小片草地，小和尚每天在这里割草喂羊，但这片草始终也割不完。老和尚觉得奇怪，于是领着小和尚在此处深挖，从地下挖出一个瓷盆。后来用瓷盆喂狗，可总也吃不完。老和尚这才知道此盆乃"聚宝盆"，精心收藏。此事被当地龙关县令得知，向和尚索要，老和尚与小和尚匆忙将此盆埋于该油松下，第二天，附近便长出了一片油松林。该处现有天然松林60亩，其他树龄不足百年。

京西第一镇边松 （一级保护）

两株古油松位于怀来县瑞云观乡镇边城村的娘娘庙遗址处。树高分别为12米、19米，胸围分别为254厘米、276厘米，冠幅分别为12米×13米、15米×18米，树龄均为500年。二松长势相仿，树干挺拔直立，如两位戍边将军，各居一方，日夜镇守边关。

镇边城是明王朝为加强边关建设，防御匈奴入侵而设置的重要边城。据《中国地名大辞典》记载："镇边城在河北昌平西100里，明正德十五年筑，东西跨山，设守御千户所，后又增筑一城于城西，曰'镇边新城'，今旧城已废。"文中所指的镇边新城，即现在的镇边城，旧城在新城的东南约2000米处。

崇礼第一松 （一级保护）

古油松位于崇礼县四台嘴乡红旗丈村。树高12米，胸围251厘米，冠幅14米×13米，树龄500年。古松主干微倾，树冠偏斜，冠顶较平，下部一侧枝伸向公路。因其高居路边山坡之上，过路行人，远远就能看到，被誉为“崇礼第一松”。

京西第一飞天松　（一级保护）

古油松位于赤城县大海陀国家级自然保护区海陀村北山顶上。树高9米，胸围251厘米，冠幅8米×8米，树龄500年。古松生长在崖顶岩石裸露的巨石缝隙，树干通直。上分三大主枝，均匀分开，树体呈开心形，分枝平伸，树冠扁平，冠顶略凹。整个冠形似苍鹰展翅，飞天直上，俯视群山，一览众“树”小，人称“京西第一飞天松”。

古松附近为真觉庵遗址，明代诗人赵羾曾到此游历，并题诗《海陀山访真觉庵》：“杖藜徐步叩禅关，踏遍沙河玉一弯。满市红尘飞不到，海陀山似普陀山。”

京西第一昂首松　（一级保护）

古油松位于涿鹿县南山区北峪店村北坡。树高25米，胸围235厘米，冠幅11米×10米，树龄500多年。古松树干挺直，扶摇直上。上部分两杈，一杈树冠已被风折断，另一杈树冠昂首高傲，俯视四周，人称"傲松"，又称"京西第一昂首松"。

京西第一清真松 （一级保护）

古油松位于涿鹿县大堡镇小荆寺村清真寺院内。树高15米，主干高10米，胸围235厘米，冠幅7米×8米，树龄500年。树干苍劲挺拔，树冠伞圆遮日，蔚为壮观。

小荆寺村是回民村，明朝中期在村中建清真寺，此寺虽不够雄伟，但遐迩闻名，乾隆、道光年间多次重修。村名因寺而得，“京西第一清真松”也由此而得名。

华北第一道观古松群 （一级保护）

古油松群位于赤城县云州乡金阁山林区。此松林为天然所生，占地450多亩，总株数91100多株，树高15~20米，平均胸围220厘米，胸围在470厘米以上者也比比皆是，冠幅大小不等，郁闭度0.90，且林相整齐，树龄500年以上。

古松林生长于金阁山的阴坡，株株树干挺拔有力，树冠高低参差，长势繁茂，遮天蔽日。远观此山，翠绿苍郁，生机盎然，令人心旷神怡。

京西第一侯爷松 （一级保护）

古油松位于蔚县柏树乡山门庄村。树高15米，胸围220厘米，冠幅15米×15米，树龄500年。古松最鲜明的特点是树冠分两层生长，层与层之间的距离约有2米，每一层都扁平舒展，苍翠浓密。

此地原有一处老爷庙，已拆毁多年，但西侧的影壁仍保留完好。相传该村在明代出了一位侯爷，老爷庙为这位侯爷出资兴建，这棵松树也是其亲手所栽，有“衣锦还乡，光宗耀祖”之意，故名“侯爷松”。

京西第一联手松 （一级保护）

两株古油松位于怀来县小南辛堡乡辛庄村的泰山庙。树高分别为13米、15米，胸围分别为220厘米、190厘米，冠幅分别为12米×14米、8米×12米，树龄均为500年。二株古松相邻生长，枝条交织，携手而立。

泰山庙内供奉着封神演义里赵公明的三个妹妹——霜霄公主、云霄公主和碧霄公主。据传，它又是泰山奶奶的行宫，每年赶庙会都很热闹，该庙于“文化大革命”期间被破坏，现仅存两株古松挺拔而立。

京西第一黑龙松 （一级保护）

古油松位于赤城县大海陀国家级自然保护区龙潭沟龙潭庙。树高18米，胸围210厘米，冠幅11米×8米，树龄500年。树干通直、粗壮，树皮光滑，分枝密集并辐射状伸展。树冠分两层，下层树冠圆而丰满，呈蘑菇伞状；上层盘踞翘首，似为龙首。因其位于龙潭庙，当地人称之为“黑龙松”。

1940年6月的一天清晨，在水峪与佛峪口之间，我军与企图堵截我军的敌人遭遇，一场激战后，杀伤大批日、伪军。战后，我军30多名伤员，几经辗转来到龙潭庙驻扎治伤疗养，此后这里便成了我军后方的疗养所。1941年5月，日军“扫荡”，烧毁庙宇房屋，并将我军的伤病员及医护人员从山崖推下，惨无人道，灭绝人寰，黑龙松成为日军野蛮行径的历史见证。至今崖下残骨尤存，警示后人，前事不忘，后事之师。

京西第一伞松 （一级保护）

古油松位于赤城县龙门所镇程正沟村。树高13米，胸围210厘米，冠幅12米×15米，树龄500年。树干粗壮，枝杈繁多，根深叶茂，冠如巨伞，苍翠欲滴，长势极盛。光秃的山梁因有此树繁茂，顿显灵气，故人们在其旁建一小庙，浓密的树荫成为人们休憩的天然阳伞。

程正沟位于龙门所镇东偏南6.8公里处，座落在正北的一条沟内，最初的住户姓程，故名“程正沟”。相传，该村的山梁上曾经长满了松树，故人称“松树梁”，后遭人畜破坏，仅此一株独立，实为可惜。

京西第一龙眼松　（一级保护）

古油松位于涿鹿县南山区台峪村。树高21米，胸围204厘米，冠幅8米×6米，树龄500年。古松高大粗壮，雄浑苍劲，气势非凡，高居台上，傲视苍生。

据传，此地由北至南为龙脉，南头北尾，此树位居西边，为龙头的右眼，东边也曾有一株古油松，为龙头的左眼，但于解放前枯死。

台峪村位于两山峡谷中，村内有一块2亩大的高台，故名“台峪”。明初建村，村前南坡（又称为照坡）有油松，既有风景秀丽之意，又有保一方平安之说。

京西第一蘑菇松 （一级保护）

古油松位于涿鹿县矾山镇上七旗村坂泉庙旁。树高14米，胸围195厘米，冠幅16米×14米，树龄500年。古松树干笔直，侧枝均向下斜伸，绿绒如盖，酷似蘑菇。

上七旗村由来已久，黄帝战蚩尤时，蚩尤在此驻扎，七路兵马与黄帝对阵，村名据此而得。该村现存庙宇一处，据遗存碑石记载，该庙原名“水口观音庙”，始建于大明弘治之前。另据寺内汉白玉经注，其应在元代以前就有佛教活动。

京西第一龙神松 （一级保护）

古油松位于蔚县北水泉乡红谷嘴村。树高12米，胸围195厘米，冠幅10米×12米，树龄500年。古松生长在村口一土台上。主干挺拔，侧枝横生下垂，枝叶密集苍翠，树冠呈半圆形，形似华盖，尤其在冰天雪地的冬季，更显雄伟宏博，展示出一种特有的生机。

此处原为龙神庙，建于明代，兴于清代，衰于民国，后“文化大革命”期间被拆毁，古树为建庙时所栽。

此树被载入《河北省志·林业志》。

中国第一十八学士松 （一级保护）

古松群位于赤城县东万口乡孤石村，孤石脚下的泰山庙前。相传明朝中期，曾有18位江南秀才赴京赶考，高榜得中，出塞游玩至此，植松18株，以作纪念，故后人称“十八学士松”。解放初期被伐8株，今留10株。树高17～23米，胸围67～190厘米，冠幅3～5米×3～6米，树龄500年。

孤石突兀独秀，一石飞来，高12米许，为当地一奇景，孤石村也由此得名。

泰山庙建于明代，分别朝向南北开间，北面供奉观音菩萨，南面供奉泰山娘娘等。

京西第一榆伴松 （一级保护）

古松榆位于赤城县后城镇河西村北山上。松、榆树高分别为22米、21米，胸围分别为166厘米、173厘米，冠幅分别为17米×17米、12米×10米，树龄均为500年。两株古树相距5米，一松一榆，相伴生长，争相竞翠。

古松榆相邻相伴，又是同龄，恰似伴侣，当地百姓称之为“榆伴松”、“夫妻树”。

该村地处白河西岸，故名“河西村”。

京西第一金台松 （一级保护）

三株古油松位于蔚县柏树乡王家庄村。树高分别为10米、8米、4米，胸围分别为120厘米、190厘米、90厘米，冠幅分别为5米×5米、15米×18米、5米×6米，树龄均为400年。三株古松长势各异，各有特点，一株最高、一株最粗、一株最怪。其中最怪的一株，树干呈扭筋状，树冠全部偏向北侧。三株古松虽同处一院，但枝杈交错有致，错落协调，虽纵横交织，但又不显挤占纠缠，彼此相安，和谐共生。

该院落曾是佛殿“金台寺”，建于明代，古松为建寺时所栽，故名“京西第一金台松”。

京西第一大钟松 （一级保护）

古油松位于蔚县柏树乡王家庄村委会院内。树高7米，胸围180厘米，冠幅18米×18米，树龄400年。古松冠幅硕大，形如巨伞，长势旺盛，毫无衰迹。

解放后，村民在树干分枝处挂了一口大铁钟，故称其为“大钟松”。“大跃进”时期，每逢集体开饭时间，便敲响此钟；“文化大革命”期间，每逢“斗、批、改”或“学语录”，也敲响此钟召集村民。如今，铁钟早已失去往日作用，只是无声诉说着令人深思的大集体生活和“文化大革命”时期的那段蹉跎岁月。

王家庄，位于乡政府驻地西北偏南5.2公里处，明初建村，王姓主居，故名。

京西第一香积松 （一级保护）

古油松因位于赤城县东万口乡喜峰砦村香积寺门前而得名。树高14米，胸围144厘米，冠幅9米×10米，树龄360年。古松苍劲挺拔，冠型半圆，恰如巨伞，正好为香积寺大门撑起一个天然凉棚，令人叹为观止。

香积寺原名“祥云寺”，初建于元代，为五台山吉祥寺释真定法师赐名。原庙毁于战乱，康熙12年重修，将古佛庙、关公庙、马神庙、河神庙、山神庙合建一庙。庙内供奉古佛、观音菩萨、普显菩萨等诸位神圣。香积寺每年二月初八举行庙会，远近香客纷纷前来拜谒，并有丰富多彩的文化活动和物资交流活动。

京西第一将相松　（一级保护）

两株古油松位于蔚县常宁乡黄土壤村西南杨家墓地。树高均为14米，胸围分别为253厘米、133厘米，冠幅分别为16米×14米、10米×14米，树龄均为350年。两株古松一大一小，东西排列，相距12米。较粗的一株位于东侧，树干粗壮，树皮龟裂，顶部分枝均水平生长，遒枝盘曲，势如飞龙，气势雄浑。较小的一株主干偏斜，下部侧枝向南方伸展，树冠较小，略显文气。恰如一文一武，一将一相，并排而立，当地人称“将相松”。

据说，此树为黄土壤村杨家上推八代先人所植，希望子孙后代如青松长盛不衰，脉脉相传。

京西第一殿松　（一级保护）

古松位于怀来县孙庄子乡下枣沟村古戏楼与正殿相对的院中。树高15米，胸围230厘米，冠幅11米×10米，树龄300多年。

古松主干直挺，高约10米，分枝平伸，树冠扁平，长势茂盛。因位于正殿前，故被称为“京西第一殿松”。

蔚州第一庙松　（一级保护）

两株古油松位于蔚县柏树乡柏树村。树高均为18米，胸围分别为143厘米、228厘米，总冠幅12米×15米，树龄均为300年。两株古松生长在关帝庙院内，分列庙门两侧，相距3.4米。两株古松主干挺拔，侧枝密集横生，枝叶极其繁盛，浓荫覆盖整个院落，与周围万木凋零形成了强烈反差，给庙宇增添了庄严肃穆的气氛，堪称“蔚州第一庙松”。

该关帝庙只有一间房大小，庙房与庙门为原有建筑，院墙为后建，故保存较为完好。东西墙壁绘有壁画，颜色鲜艳，线条生动。幅幅画面大小相等，布满墙面，描述了关公生平故事。

京西第一香峰松　（一级保护）

古油松位于涿鹿县黄羊山国家级森林公园香峰寺西北100米。树高18米，主干12米，胸围210厘米，冠幅5米×10米，树龄300年。古松主干挺拔，冠枝南倾下垂，形状酷似黄山“迎客松”。游人到此，无不顿足翘首，品味观赏。

据传，香峰寺系唐代所建，寺周树木繁茂，风景优美，气候凉爽，宜人消夏。古松拔地而起，独树一帜，因寺得名，故称“京西第一香峰松”，佛人也称“接引松”。

京西第一独脚雄鹰松 （一级保护）

古油松位于蔚县柏树乡山门庄村。树高5米，胸围210厘米，冠幅10米×7米，树龄300年。主干中部一枝折断，仅余一枝独立，但长势依然旺盛，上部侧枝平伸，枝叶浓密，苍翠欲滴，在冰天雪地的旷野，显得更加醒目，可谓“百草枯谢，一树独荣”。此树的外观十分奇特，向两侧伸展的枝叶宛如雄鹰的两翅，枝为骨架，叶为翎羽，整个树形恰似一只雄鹰，独脚站立，展翅欲飞，气势不凡。

京西第一老爷松 （一级保护）

两株古油松位于蔚县柏树乡王家庄村老爷庙前。左侧的一棵高10米，胸围200厘米，冠幅10米×5米；右侧的一棵高8米，胸围160厘米，冠幅10米×5米，树龄均为300年。与两株古松形成鲜明对照的是：庙已破败，树却苍翠，依然傲霜斗雪，屹然挺立。古松因老爷庙得名"老爷松"。

老爷庙建于清康熙年间，距今有300多年历史。建庙初，香客甚多，每逢佳节更是车水马龙。民国期间，由于战乱，日渐衰败，人去庙空，无人营管，惨败冷落，残存至今。

京西第一对杆松　（一级保护）

古油松位于蔚县宋家庄镇小寺沟村南山坡。树高分别为30米、28米，主干高均为20米，胸围均为180厘米，冠幅均为5米×6米，树龄均为300年。

两古松主干笔直，高挺向上，在万丛松林中，两杆并立，异军突起，鹤立鸡群，独领风骚。村民俗称“一对杆”，故称“京西第一对杆松”。

京西第一镇庙松　（一级保护）

三株古油松位于蔚县柏树乡松枝口村委会院内。树高分别为15米、18米、16米，胸围分别为170厘米、132厘米、109厘米，冠幅分别为11米×11米、10米×10米，6米×6米。其中最粗的一株位于院中央，主干在2米处分枝，平斜生长，如佛掌平伸，遒枝盘旋，枝繁叶茂，树龄300年。另两株较小，单干直立，树龄百年以上。

松枝口村委会大院，原为“北小庙”遗址，庙内供有十八罗汉。现庙宇虽荡然无存，但三株古松仍日夜镇守，诉说着昔日的庄严与繁盛。

京西第一壁画松　（一级保护）

古油松位于蔚县柏树乡庄窠村龙王庙前。树高7米，胸围150厘米，冠幅15米×5米，树龄300年。古松主干略倾，侧枝横生，枝叶稠密，整个树冠分为明显的两层。

龙王庙为清康熙年间村民集资而建，也曾香火旺盛，求雨者甚多，每逢大旱之年，村民便用活羊祭神。现庙保存完好，尤其是庙里的壁画十分精美，生动逼真地描绘了水母娘娘与众仙女为人间送水的壮观场景。此树为建庙时所栽，庙树紧邻，相依相伴，苍松因古庙壁画得名“壁画松”。

庄窠村，明初立村，万历四十八年（1620年）筑堡，为永宁寨北堡，民国37年（1948年）更名“庄窠”。

陀山第一长春松榆 （一级保护）

古松、榆位于赤城县大海陀国家级自然保护区长春沟长春庙前。松树高12米，胸围143厘米，榆树高14米，胸围196厘米，总冠幅20米×17米，树龄均为300年。

两树一高一低，东西并列。古松主头平伸，冠顶平坦，犹如华盖；古榆分枝细长，姿态婀娜。两树虽相距较近，但主干和树冠分别向两侧倾斜，互不相欺，大有谦让之意。

传说，长春真人丘处机曾携弟子在此建庙修炼，现庙房皆废，但塔林仍存。附近苍松翠柏，林木葱郁，风景优美，当地正在重修庙宇，开发旅游。树名因庙而得。

京西第一展翅松 （一级保护）

古油松位于怀来县王家楼回族乡东洪站村委会院内。树高6米，胸围116厘米，冠幅7米×8米，树龄300年。主干从2.5米高处分为两大主枝，枝形遒劲，其上分枝平行生长，犹如雄鹰展翅。

明末，在东洪站村西0.5公里处，有一村名“洪站堡”，因地震，部分人东迁到此地定居，称“东洪站”。

京西第一王朴松群 （二级保护）

古油松群位于蔚县涌泉庄乡涌泉庄村南，共有41株。树高8~10米，胸围180厘米左右，冠幅5米×5米左右，树龄均为200年。古松群呈东西走向，分三排分布，中间一排保存最好。

据传，该村曾出过一位远近闻名的富商名叫王朴，在蔚县曾流传“不吃不喝，赶不上王朴”的说法。这些树就是王朴在修建寨堡时所栽，为该村留下了一笔宝贵遗产，也使王朴的英名流芳百世，为后人称道。

涌泉庄，清康熙二十二年（1683年）建，因北沟泉水外溢之故，取名“涌泉庄”。

京西第一白皮松 （二级保护）

古白皮松位于蔚县涌泉庄乡涌泉庄村。树高15米，胸围180厘米，冠幅5米×5米，树龄200年。此白皮松同为王朴所栽，是唯一的一株白皮松。树干通直，树皮白色，犹如一群鸵鸟中的丹顶鹤。

白皮松，乔木，树姿高大。喜光，耐瘠薄，枝叶青翠，树皮白色，为优良庭院绿化树种。白皮松是中国特产，河北、北京习见栽培，但在张家口市百年以上古树鲜见，堪称“京西第一白皮松”。

阳原第一兄弟松 （三级保护）

两株古油松位于阳原县辛堡乡南辛庄村。树高分别为14米、13米，胸围分别为138厘米、149厘米，冠幅分别为7米×9米、9米×9米，树龄均为120年。两株古松相距30米，粗细、高度、冠幅均相仿，如孪生兄弟。在平原旷野，有两松苍翠矗立，顿生灵气。

辛堡乡前依候山，后临桑干河，属山前丘陵平原。建于明永乐二年（1404年）。辛、龚、刘、张四姓首先到此定居。原名“子字屯”，后因辛姓人多族大，更名“辛堡”。

华北第一祖松群（特级保护）

古落叶松群位于赤城县大海陀国家级自然保护区九骨咀山，共有百年以上华北落叶松6300多株。树龄最大的达2000多年，胸围大多在200～600厘米之间，被植物专家称为“华北落叶松祖源地”。

大海陀自然保护区地处河北省赤城县西南部，距北京100公里，总面积达11225公顷，主峰海陀山海拔2241米，海陀山脊是赤城县和北京市的分界岭。该保护区自然生态环境复杂多样，植被垂直分布明显，包罗了从温带到寒温带的自然景象，是欧亚大陆从温带到寒温带主要植被类型的缩影。保护区内有各种动植物1300多种，其中植物达715种，有蕨类14科，裸子植物3科，被子植物88科。保护区古迹众多，飞瀑流泉，鸟鸣深涧，风景优美，气候凉爽，可谓名山秀水，草木青翠，宝兽常住，鸟不思飞，是著名的旅游胜地。2003年6月晋升为国家级自然保护区。

古落叶松位于赤城县大海陀国家级自然保护区九骨咀山。树高2.3米，基围628厘米，冠幅4米×2.5米，树龄2000年。古松形状奇特，树干从2米处向地面弯折，其中一枝扭曲盘旋，匍匐触地，从坡上往下看，恰似巨蟒戏海狮。

此树久经沧桑，静观着大海陀2000年的风云变幻，更向世人展示了华北落叶松顽强的生命力和久远的物种历史。

华北落叶松，又名落叶松，为落叶乔木，是华北地区重要的森林组成和更新造林树种，张家口市多有栽培，但原始林罕见。极喜光，甚耐寒，喜高寒湿润气候，幼树生长偏慢，5～10年后生长加快，材质坚韧，为建筑优良用材。

华北第一三国松 （特级保护）

古落叶松位于赤城县大海陀国家级自然保护区九骨咀山。树高10米，基围628厘米，冠幅11米×10米，树龄2000年。古松自基部丛生四个主枝，其中一枝折断干枯倒地，中间的主枝直立，另外两主枝斜生。侧枝部分自然枯死，树冠稀疏，根部中空，树皮脱落，尽显老衰，但每年都有新枝萌发，活力仍存。

海陀山，成陆历史悠久，地理位置独特，孕育了众多的生物种类。其中保存下来的近300亩原始森林是生物基因库之一。茂密的华北落叶松原始森林经历了千年风雨，仍然保持着旺盛的生机，天然落种，萌生繁衍，生生不息。

京西第一孤石松 （特级保护）

两株古落叶松位于赤城县大海陀国家级自然保护区九骨咀山。树高15米，胸围471厘米，冠幅6米×5米，树龄1000年。两株古松生于山顶孤石侧面，较大的一株树干略倾，上分两杈，并行向上；较小的一株，单干直立，树龄较小。

孤石处在一土山头上，周围均为土质，唯巨石蹲坐山顶。

京西第一多子松 （一级保护）

古落叶松位于蔚县小五台国家级自然保护区湖上沟林区。树高14米，基围440厘米，冠幅9米×7米，树龄800年。古落叶松生长在悬崖边，基生两主干，两主干又各分生两个主枝，每个主枝大部再分成两侧枝。部分分枝折断，只余枯桩，导致树体下部枝干穿插密挤，犹如孩童在人群中嬉闹，子孙满堂，故称“多子松”。

湖上沟林区是小五台国家级自然保护区的核心林区，位居南台，台顶及湖上沟口有庙宇，现已塌废。南台寺曾经香火旺盛，规模宏大，从辉川村至南台路上，从前有许多铁铸的头陀，可惜在“文化大革命”期间横遭破坏。据说，为不破坏寺院风水，当地人都形成一种风俗，不轻易毁损寺院周边的一草一木，故该林区人为破坏较少，保存了众多百年古树。

天下第一双鳄松　（一级保护）

古落叶松位于赤城县大海陀国家级自然保护区九骨咀山。树高25米，胸围377厘米，冠幅12米×9米，树龄700年。古松干形健壮，树干从1米高处分枝，树皮灰黑色，粗糙凸起，且密布苔藓。横向观察，酷似两只鳄鱼头部靠在一起，额部稍稍凸起，眼睛明显，位置适中，呈微闭状，略显疲态，皮肤鳞片粗糙，像鳄鱼夫妻双双小憩，又似融融细语，惟妙惟肖，令人叫绝。

陀山第一山字松 （一级保护）

古落叶松位于赤城县大海陀国家级自然保护区九骨咀山。树高15米，胸围314厘米，冠幅6米×5米，树龄500年。主干分枝位置较低，侧枝与主干抱拢直立生长，从一侧看好似“山”字，故名“山字松”。

陀山一胞双子松 （一级保护）

古落叶松位于赤城县大海陀国家级自然保护区九骨咀山。树高23米，胸围308厘米，冠幅6米×8米，树龄500年。树干从1.5米高处分为两杈，一杈直立，另一杈斜生，形似一胞双子。尽管老态龙钟，但仍枝繁叶茂，长势较好。

京西第一大肚松 （一级保护）

古落叶松位于蔚县小五台国家级自然保护区湖上沟林区。树高11米，胸围370厘米，冠幅5米×6米，树龄400年。主干从1.5米高处分成三杈，抱拢直立向上，分枝处膨大凸起，像鼓出的大肚子，故名“大肚松”。

京西第一怪物松 （一级保护）

古落叶松位于蔚县小五台国家级自然保护区湖上沟林区。树高8米，胸围314厘米，冠幅5米×7米，树龄400年。古松生长在悬崖边，主干粗大，树形健壮，分枝扭曲生长，侧枝横向伸展，因下部枝叶背光，而多有枯死。

古松形状怪异，好似一个四不像的怪物，故称“怪物松”。

京西第一手掌松 （一级保护）

古落叶松位于蔚县小五台国家级自然保护区湖上沟林区。树高10米，胸围282厘米，冠幅6.5米×8米，树龄300年。古松在一人高处分生四大主枝，其中一侧枝枯断，呈鸭头状，又像大拇指；树干基部扭生一小枝，形似小指；其余三个高大分枝形成食指、中指和无名指。整个树形好像一个向上伸开的手掌，故名“手掌松”。

京西第一连臂松　（一级保护）

古落叶松位于蔚县小五台国家级自然保护区湖上沟林区。树高16米，胸围252厘米，冠幅8米×7米，树龄300年。此树生长在悬崖边，从1米高处分生两株，紧紧相依，犹如两人腿部和臀部靠在一起，仰身起舞，姿态婀娜，故名“连臀松”。

陀山第一双杆松 （一级保护）

古落叶松位于赤城县大海陀国家级自然保护区九骨咀山。树高30米，胸围250厘米，冠幅6米×7米，树龄300年。树体从基部分杈，两杈紧贴，并肩竞高，挺直向上，直入云天，酷似两树并生，又如两支旗杆并立，故名“双杆松”。

参天凌云的杆柏

河北第三杆 （特级保护）

古白杄位于怀来县孙庄子乡麻黄峪村的杄松台。树高21米，胸围375厘米，冠幅13米×13米，树龄1000年。因胸围位居河北第三，故名“河北第三杄”。古杄树干光滑，笔直挺拔，其状如塔，长势旺盛，极尽壮观。

麻黄峪，清朝建村，因此处是个山口，且两侧长满麻黄，故称“麻黄口”，后改称“麻黄峪”。相传，古时此山坡上遍布杄树，人称“杄松台”，后被砍伐殆尽，唯余一株独立参天。

中国第一图腾杆 （特级保护）

古白杆位于涿鹿县矾山镇龙王堂村委会院内（原为蚩尤部落营地），蚩尤松旁。树高25米，胸围100厘米，冠幅3米×3米。古杆虽不够粗大，但观其长势，尽显古风，估测树龄在1000年以上。

此树的神奇之处是树上的图案，随着年代的推移，渐渐在树身上形成了各种“牛头”图案，象征了蚩尤部落的标志（据史书记载，蚩尤部落的图腾为牛），使该树变得更加神秘，并成为一大奇观。

蚩尤是九黎族的首领，为苗族的始祖之一，十分强悍。传说蚩尤有八十一个兄弟，凶猛无比。蚩尤常常带领他的部族，侵掠别的部落，因与轩辕黄帝进行历史性大战而赫赫有名。

河北第一凤爪杆 （一级保护）

古白杆位于涿鹿县矾山镇塔儿寺村。树高21米，胸围345厘米，冠幅20米×20米，树龄845年。古杆距塔200米，树干粗壮有力，冠如巨伞，其根部像凤爪紧紧抓住大地，显得异常刚劲有力。

此地群山环绕，植被丰富，自然环境十分优美。该塔正南方有很多青砖，且有建筑遗迹，是金正隆四年（1159年）建筑的炬禅寺所在地，古杆与寺院同龄。

此古杆被载入《河北古树志》。

河北第一炬禅杆 （一级保护）

三株古白杆位于涿鹿县矾山镇塔儿寺村。树高分别为20米、16米、14米，胸围分别为337厘米、179厘米、176厘米，冠幅分别为20米×20米、19米×20米、19米×19米，树龄均为845年。其中较高的一株枝叶繁茂，苍翠欲滴，直插云霄；另外两株相邻生长于山坡之上，主干密布侧枝，基部侧枝几乎触地。

塔儿寺村因当地山上有一六角型佛塔而得名，佛塔为金代正隆四年（公元1159年）所建，塔正方匾额上书"燕峰山炬禅师灵塔"。

三株古杆被载入《河北省志·林业志》和《河北古树志》。

京西第一夫妻树
（一级保护）

崇礼县西湾子镇瓦窑村西的“响铃寺”旧址，有白榆、白杆两株古树，又称为“响铃双白”。树高分别为27米、22米，胸围分别为377厘米、223厘米，冠幅分别为10米×11米、8米×6米，树龄均为660年。两树相距4米，并排而立，枝条交织，形如夫妻，有双白偕老之意，后被人誉为“夫妻树”。

据县志记载，“响铃寺”为元至正四年（1344年）所建。清康熙北巡路经此地，被这里的秀美景色迷住，看天色已晚，便在此住了下来。夜间，又闻御马铃声清脆悦耳，名副其实，于是“龙心甚悦”，御赐龙袍一件，以彰其德，黄伞一顶，以敬其诚，每年惠赐奉袭五十两以助其资。于是，地方政府筹资对“响铃寺”进行了扩建。后来由于兵祸，殿堂年久失修，风雨剥落，“响铃寺”渐渐衰落，“文化大革命”期间中拆除。寺内所藏龙袍被烧毁，那柄黄伞也下落不明。

两株古树被载入《河北省志·林业志》和《河北古树志》。

河北第一裙子杆 （一级保护）

古白杆位于赤城县云州乡镇安堡村南。树高16米，胸围295厘米，冠幅11米×12米，树龄500年以上。此树主头因雷击而毁，又长出一新的侧头，下部侧枝均下垂生长，形如裙子，故名“裙子杆”。

传说，树有灵气，该村人名大都有“杆”字或者“杆”字的偏旁，如此取名，可保平安。

此树被载入《河北省志·林业志》和《河北古树志》。

京西第一松伴杄 （一级保护）

古松、杄位于涿鹿县南山区兑九沟阳坡古寺遗址。松高23米，胸围240厘米，冠幅6米×8米；杄高20米，胸围215厘米，冠幅5米×7米，两树相距3米，树龄均为400年。

两古树地处寺院古址，为明末和尚所植。两树相携而生，枝冠偏向两侧，长势茂盛。古杄枝头被风刮断，故低古松3米。因两古树在周围山杨、山榆及其他灌木丛中并杆独起，独树两帜，故被称为“京西第一松伴杄”。

华北第一罗汉杆 （一级保护）

古白杆位于怀安县灵官庙林场虎窝寺遗址的南院。树高5米，胸围152厘米，冠幅5米×5米，树龄300年。树干从1米高处分为三杈，一杈早年枯萎，只留尺许；另两大主枝，遒劲粗壮，其上枝叶浓密，苍翠欲滴。据说此树亦为虎窝寺和尚所栽。因其树形矮小紧凑，故名“华北第一罗汉杆”。

据说寺院内曾有72洞，今只留有冰洞与水洞，风洞已被封。据碑记载：“南有风洞，置物于其中，□□飘然而出。北有冰洞，盛夏铄金洞之冰愈凝结而不化。”传说风洞直通怀安城的“睡佛寺”，是过去老和尚下山的通道。据百姓讲，如将鸡投入洞内，则鸡不见，鸡毛由洞内飞出。

中国第一蚩尤杉 （特级保护）

古云杉位于涿鹿县矾山镇柳树庄村蚩尤寨附近，故名“蚩尤杉”。树高23米，胸围400厘米，冠幅13米×14米，树龄1000年。古杉主干高挺，傲然向上，树体呈塔形，枝叶茂盛，像一把巨伞，遮掩数户人家。据说建村时即有此树，历经千年仍充满生机。

云杉，又名白松、大果云杉、粗皮云杉、粗枝云杉、大云杉、粗云杉等，常绿乔木，幼树树冠窄圆锥形，老树卵状圆锥形。是我国特有树种，主要分布于华北地区海拔2000米以上的高山。阴性树，喜冷凉湿润气候，在山地多生于阴坡。适于作观赏树种，在张家口市多有栽培。

京西第一佛手杉 （一级保护）

古云杉位于蔚县宋家庄镇小寺沟村北山坡上。树高25米，胸围355厘米，冠幅12米×12米，树龄800年。

古杉根部裸露，好似卧龙覆地。主干7米处分生三枝，并拢向上，恰似佛手中间三指，修长秀美，故称“京西第一佛手杉”。

古杉地处明代古寺下端，古寺现已不存。据传，建寺前已有此树。

京西第一龙爪杉 （一级保护）

古云杉位于蔚县小五台国家级自然保护区湖上沟林区。树高13米，胸围314厘米，冠幅8米×9米，树龄500年。此树生长在河沟边，基部粗壮，皮如鳞片，树干向一侧弯曲，又仰首向上，形成一个弓形，犹如巨龙昂首。上分四大主枝，弯曲向上，又似龙爪。树形敦实，树姿健壮，树体虽斜生，但显得异常稳固。

中国第一U字杉（特级保护）

古云杉位于蔚县小五台国家级自然保护区湖上沟林区。树高17米，胸围315厘米，冠幅12米×11米，树龄400年。主干从地面分两大主枝，呈“U”字形，两主枝又各分为“U”字形两杈。树体基部粗壮稳固，枝干浑圆，分枝圆润，树皮光洁，与其他云杉树姿形状迥然不同，甚是奇异。

京西第一龙须杉 （一级保护）

古云杉位于蔚县小五台国家级自然保护区湖上沟林区。树高11米，胸围251厘米，冠幅7.5米×6米，树龄300年。古杉树形怪异，有“张牙舞爪”之势，特别是主干下部横生众多细长侧枝，犹如气根，又似“龙须”。其上枝叶细小，呈片状飘逸伸展，微风吹来，枝叶颤动，姿态万千。

京西第一烈士柏 （特级保护）

古侧柏位于下花园区定方水乡常家庄村西北山。树高18米，胸围425厘米，冠幅20米×20米，树龄1200年。古柏枝如虬龙，冠如巨伞，浓荫覆地，与1998年所建的抗日烈士碑遥遥相对，成为天然的纪念碑，见证了革命烈士的丰功伟绩。

常家庄是下花园区最富纪念意义的革命根据地，历史上曾涌现过许多可歌可泣的悲壮故事和英雄人物。抗日战争和解放战争时期，这个不足百户的小村，先后有60多名爱国青壮年离乡参加革命，还有20多名青壮年，长期组成村武装游击队，积极展开游击战争，先后共有22人献出了年轻的生命。为缅怀革命先烈的丰功伟绩，激励后人爱国创业，1998年10月21日，区、乡、村三级共同筹资，在常家庄村落成了革命纪念碑，为全区开辟了一处爱国主义教育基地。

京西第三粗柏

（一级保护）

古侧柏位于怀来县存瑞镇葫芦套村小学院外。树高13米，胸围292厘米，冠幅10米×10米，树龄800年。古柏树体粗壮，主干分枝众多，树冠庞大，长势极盛。

南山第一柏 （一级保护）

古侧柏位于涿鹿县南山区大河南村。树高20米，胸围255厘米，冠幅18米×18米，树龄800年。位居南山区之首，故名“南山第一柏”。古柏上托青天，下着黄土，枝繁叶茂，长势旺盛，只有主干不规则的一道道纵裂刻画着岁月的沧桑。

侧柏生长在阎王殿院内，现庙房仍存，保存较为完整，因无人光顾，而香火冷清，只有古柏与之日夜相伴。

大河南村为古代军事要地，是古时通往中原第一官道，名为关镇。明朝初年，山洪暴发，关镇被毁。村民便在村南重新建村，名为“河南”，为与小河南村有别，又称“大河南”。

南山第二柏

（一级保护）

古侧柏位于涿鹿县南山区宝峰寺林业中学院内。树高15米，胸围190厘米，冠幅20米×17米，树龄500年。古柏树干通直，纵向条纹均匀清晰，分枝平伸，几欲坠地，现人们用铁棍支撑。

宝峰寺建于辽金时代，距今上千年。古柏在庙内巍巍屹立，成为庙的显著标志。2003年冬降大雪，压断一个枝杈，故失“风度”，但柏树之王本色不变。因其在涿鹿南山区位居第二，故名“南山第二柏”。

京西第一回归柏 （一级保护）

古圆柏位于涿鹿县武家沟镇牛家窑村龙王庙院内。树高15米，胸围260厘米，冠幅4米×4米，树龄500年。

古柏为明朝中期所植。主干高1.5米处分生三杈，直立抱拢向上生长，枝叶浓密，长势繁茂。主干恰似中国，三个枝干恰似香港、澳门、台湾。虽枝干上方自成体系，但同根相生，手足相连，回归自然是天意，寓意非常深刻。此树天然巧合，蕴藏着人与自然的和谐。

京西第一龙王柏

（一级保护）

两株古侧柏位于怀来县小南辛堡乡辛庄村龙王庙附近。树高分别为13米、9米，胸围分别为250厘米、71厘米，冠幅分别为7米×9米、4米×5米，树龄均为500年。其中较大的一株分为并生的两杈，远看犹如两株古柏。较小的一株树干挺直，酷似旗杆。因龙王庙得名“龙王柏”。

龙王庙始建于清道光年间。现存正殿三间，门窗已遭破坏。正殿前有一块石碑，顶端刻有“万古流芳”四个字。龙王庙早年香火旺盛，每逢庙会，有民间杂耍，场面十分热闹。

京西第一真武柏 （一级保护）

两株古侧柏位于怀来县小南辛堡乡辛庄村。树高分别为14米、8米，胸围分别为200厘米、71厘米，冠幅分别为12米×9米、3米×3米，树龄均为500年。其中较粗的一株树冠较大，侧枝横向伸展，由于树干部分被土掩埋，所以下部侧枝几乎于地平齐；较细的一株树冠较小，枝叶稀疏，长势渐衰。

真武庙又称九天玄武庙，位于辛庄村东北山坡上，里面供奉真武大帝，始建于明代，“文化大革命”期间遭破坏。古树因庙得名。

京西第一并蒂柏 （一级保护）

两株古侧柏位于怀来县存瑞镇三清殿村。树高均为17米，胸围分别为192厘米、163厘米，冠幅分别为7米×10米、5米×9米，树龄均为500年。两树东西排列，主干均在1米左右高处分为两杈，东边一株为南北分开，西边一株为东西分开，正好垂直，树冠也随两大分枝呈椭圆形，枝条交织，浓荫连为一体。

三清殿原名“北沟村”，清道光十九年（1839年）在此修庙称“三清殿”，人们逐渐以庙名代替了村名。今庙已毁。

京西第一葫芦柏　（一级保护）

两株古侧柏位于怀来县存瑞镇葫芦套村小学院内。树高均为11米，胸围分别为153厘米、140厘米，冠幅分别为6米×8米、5米×8米，树龄均为400年。两株古柏东西并排而立，互为犄角，大小相仿，竞相生长，树冠枝叶繁茂，苍翠浓郁。

据载，明洪武二十一年（1388年）山西洪洞县的葫、芦两姓人家来此定居，又因该村位于两条河套之间，得名“葫芦套”，“葫芦柏”也因村名姓氏得名。

京西第一观音柏 （一级保护）

古侧柏位于涿鹿县南山区岔河村观音庙内。树高22米，胸围220厘米，冠幅12米×10米，树龄300年。古柏树干笔直，树冠整齐，远看像一个绿色的巨塔，长势十分旺盛。

此处原有一座观音庙，“文化大革命”期间拆除，五六年前重建，树名因庙名而得。相传，此树植于清初，因长在庙院里，人们称其为“神树”。树上有一口钟，据说是抗日战争期间向全村人报信所用。

京西第一旗杆柏 （一级保护）

两株古侧柏位于怀来县小南辛堡乡外井沟村的关帝庙院内。树高分别为16米、9米，胸围分别为197厘米、48厘米，冠幅分别为8米×11米、3米×3米，树龄均为300年。二株古柏一大一小，大的生长于庙房缝隙之间，树干挺直，形似旗杆，树冠伸展在房顶之上，犹如高擎巨伞，长势繁盛。

该关帝庙始建于清道光二十一年（1841年），有正殿三间，殿内供奉关公，身穿盔甲，身披斗篷，正襟危坐，横匾上书“忠义千秋”四个大字。该庙“文化大革命”期间被毁，1995年捐资修缮，基本恢复原貌。

京西第一龙潭双柏 （一级保护）

两株古侧柏位于怀来县沙城镇第四小学后院。树高分别为8米、10米，胸围分别为136厘米、163厘米，总冠幅9米×11米，树龄300年。两树呈东西排列，相距不到2米，枝条相互穿插交接，树冠连为一体，浓荫遮蔽半个院落。

此地原为沙城旧城的中心老龙潭所在地，古树因此得名。以前此地曾建有龙王庙，庙后紧靠明城墙，现庙已不存。

京西第一螺旋柏 （一级保护）

古侧柏位于怀来县存瑞镇小水峪村。树高15米，胸围185厘米，冠幅10米×12米，树龄300年。古柏生长于龙王庙四合院内，紧邻西房，主干顺时针盘旋生长，树皮条纹呈螺旋状，树名因此而得。

据载，该庙建于明代，原有正殿三间，庙宇为硬山顶木结构建筑，占地面积480平方米。后此庙房屋曾被村委会所用，房屋虽然破旧，但保存尚好，村委会迁出后，大门封锁，古柏也得到了很好保护。

清康熙五十九年（1720年）沙城一带发生地震，此地的北窑子、南窑子、童窑子等村被震毁，几个窑子的人迁居此地建村，因位于山边，泉水顺流而下，得名“小水峪”，沿用至今。

京西第一四君柏 （三级保护）

四株古侧柏位于涿鹿县南山区杨家坪天主教堂遗址东侧。树高分别为11米、13米、13米、14米，胸围分别为113厘米、119厘米、126厘米、145厘米，冠幅分别为4米×4米、4.5米×6米、5米×6米、5米×6米，树龄均为120年。四株古柏大小相仿，树干通直，枝叶繁盛，树冠相接，连为一体，如四位谦谦君子，闲庭信步，故名“四君柏”。

京西第一圆柏

（特级保护）

古圆柏位于涿鹿县栾庄乡黄土坡村新村北、旧堡南的"观音庙"院内。树高16米，胸围520厘米，冠幅15米×14米，树龄2000年。古柏从1米高处分为两部分，且分离较远，似两株柏树紧靠生长，融为一体。

据说此树与庙同龄，推测该庙建于唐朝，现院内"观音小庙"犹存。调查中发现此树很多大枝被齐齐锯断。据当地人讲，抗日战争期间，日寇为阻挡我八路军设障所毁。

黄土坡，汉初建村。据传，上古郡太守景丹从郡城出巡，途中病危，对部下说："吾呜呼于哪，便将我葬于哪，哪儿黄土不埋人。"至此殒命。故尊其遗嘱葬于此地。建村后为怀念景丹取名为黄土坡。现在村南突出的土丘传说是景丹的坟墓。

华北第一杜松群 （特级保护）

古杜松群位于塞北坝头石质山区，海拔1200米的尚义县小蒜沟镇中乌拉哈达村半阳坡处，面积20亩，共计105株。其中树龄200年以上的11株，不足200年的94株，均分布在30多度山坡上。传说，树的来源是候鸟吃了杜松籽，途经此地，松籽随粪便落入石缝中而生存下来。最初只有一棵，天然繁殖，历经数代，形成杜松群。杜松冠呈塔形，如一座座绿色的宝塔，生长旺盛，苍翠矗立，尤为壮观。其中最大的一株树龄400年，树高13米，胸围240厘米，冠幅7米×8米。

杜松产于我国东北，华北、西北也有分布，为稀有针叶树种，喜光，耐干旱寒冷，抗风，适应性强，四季常青，在张家口市形成古树群实属罕见。堪称“华北第一古杜松群”，被载入《河北省志·林业志》和《河北古树志》。

京西第一迎日松　（一级保护）

古杜松位于宣化县深井镇张家沟村西土台上。树高9米，胸围105厘米，冠幅6米×5米，树龄300年。古松树干笔直，向东倾斜30度，斜指东方，故名“迎日松”。远望去好似一枝巨笔斜插巨石之中。

树下原有石碑，为乾隆年间所立。村民讲，解放前八路军与土匪在此地发生过枪战，现在树干上的枪眼仍历历在目。据传，原树主人想砍此树，一晚突做怪梦，树变成三条巨蛇缠身，第二天树主不敢再砍，并把他捐给村里作为集体财产。

粗犷苍劲的古槐

中国第一寿星槐 （特级保护）

古槐位于涿鹿县涿鹿镇谭庄村观音庙。树高16米，胸围1100厘米，冠幅14米×15米，树龄3000多年，堪称全国之冠。此树基部干瘤密布，异常粗壮，主枝虽大部干枯，但势如苍龙，雄浑壮观，尽显古风，其上又萌生新枝，如同幼树再生，生机盎然。此树因建房地基垫高，主干被埋入地下1.5米，现在的基围当为实际胸围。现当地建水泥池加以保护。

谭庄观音庙拆除于“文化大革命”期间，现已无存。据传，该村古时曾驻扎官军，总兵姓谭，村名源此。

天下第一白蛇槐 （特级保护）

古槐位于涿鹿县武家沟镇槐树沟村委会院内戏台前。树高20米，胸围930厘米，基围1730厘米，冠幅16米×15米，树龄2500年。

古槐分两杈生长，树干粗壮，根系裸露，形似盆景，长势古茂。此槐于春秋战国时期栽植，何人所载，不得而知。明初建村时，树状已如此，槐树沟村名也由此而得。

古槐南侧，座落着一座古戏楼。有一年，台上正在演“白蛇传”古装戏，忽然一阵黑风刮来，西北侧枝干被刮断。村委会派人锯木，古枝空洞处锯出一条1米多长的白蛇，锯木者弃锯而逃。据传，古槐枝干空洞内栖居着几十条白蛇。“天下第一白蛇槐”由此得名。

京西第一神槐 （特级保护）

古槐位于怀来县新保安镇东关街村。树高13米，胸围795厘米，冠幅24米×24米，树龄2500多年。

古槐生长于菩萨庙遗址院内，树龄虽达2000多年，但生长仍极为旺盛，树干柯磊多节，古风浓重。主干基部虽有一个能藏身的孔洞，但对树势和生长均无影响，仍年年开花结果。该树树冠庞大，如东头西尾展翅的凤凰，所以村民称之为“凤凰树”。近年来，在东边横斜的主枝上又长出一株小槐树，笔直向上，所以村民又称之为“槐抱子”。

此树生长的庙院在原京张大道旁，相传唐朝开国元勋尉迟敬德途径此处，勒马观过此树，赞不绝口，故留有“尉迟敬德勒马观古树”之传说，可见当时此树已经非常粗大壮观。

此古槐被载入《河北省志·林业志》和《河北古树志》。

京西第一三兄弟镇边槐

（特级保护）

三株古槐位于怀来县瑞云观乡镇边城村的老爷庙遗址。树高分别为20米、16米、12米，胸围分别为660厘米、425厘米、434厘米，冠幅分别为10米×14米、11米×10米、14米×13米，其中最大的一株树龄2000年，较小的两株树龄也在1000以上。一株主干在2米高处向南倾斜，又向上生长；一株生长在水池一角，树体向水倾斜，树枝低垂，好似低头饮水；其旁一株主头枯死，侧枝横生。三株古槐犹如三兄弟镇守边城，故名。

老爷庙为民间吉祥建筑，一般建筑规模较小，该庙建筑面积约200平方米，原有正殿三间，东西厢房二间，现无存。

华北第一结义槐

（特级保护）

三株古槐位于涿鹿县栾庄乡黄土坡村。株间距5～6米，树高均为20米，胸围分别为630厘米、490厘米、445厘米，总冠幅26米×24米，树龄均为1500年。三株古槐呈鼎立之势，好似三国时刘、关、张三兄弟结义，故称“结义槐”。

由于风蚀，古槐根部裸露，大主根共11条，粗者直径达100厘米，细者也超过15厘米，树根交错，相互盘生，姿态壮观。其中西北处一株中空，另一株树干可见长达4米的孔洞，但未影响其生长，枝繁叶茂，树体高大。三株古槐树冠相接，融为一体，共建一个巨大的凉棚，每至夏季，槐花满树，清香四溢，令人心旷神怡。尤为神奇的是：树中同时居住着青蛇和刺猬，刺猬本是蛇的天敌，两者同憩一处，是互相捕食还是彼此相安？不得而知。现村民仍经常在此处见到刺猬。

三株古槐被载入《河北省志·林业志》和《河北古树志》。

中国第一牛眼槐 （特级保护）

古槐位于怀来县桑园镇北袁营村。树高16米，胸围526厘米，冠幅8米×8米，树龄1500年。古槐主干中空，树皮脱落，主枝大部枯死，虽侧生新枝，但老态尽现。因树干中部长出“牛眼”，故称“牛眼槐”。

北袁营原名为“映子屯堡”，明永乐元年（1403年），实行军屯，由山西移民来此定居，因军头姓袁，故改为“袁家营”。1962年分为北袁营和南袁营，此村居北，称“北袁营”。

京西第一四大天王槐 （特级保护）

四株古槐位于怀来县狼山乡石佛寺村。树高分别为15米、13米、14米、16米，胸围分别为390厘米、200厘米、250厘米、251厘米，冠幅分别为12米×18米、8米×10米、14米×12米、15米×15米，树龄均为1000年。四株古槐虽大小不等，但株株长势古朴遒劲，如四大天王，与旁侧破旧古庙相映，尽显沧桑。

该处原为“石佛寺”寺庙，该村由此得名。寺庙南50米为建庙时修的戏台，现寺庙和戏台房屋尤存，但经久失修。四株古槐在寺庙与戏台的场地内呈四角鼎立之势，相传古槐冠幅过去曾是现在的两倍，四株古槐枝条交接共建成一个天然的大凉棚。据传，此寺庙的东边原为河水经过之处，每逢雨后，洪水流经此地聚而不走，在东北角古槐上曾挂有一口大钟，只有寺庙和尚撞响钟后河水才顺流而下。不难想象，过去的“石佛寺”曾香火旺盛。每逢佳节，戏台上锣鼓声声，村民在天然的大凉棚下，观看演出，十分惬意。

京西第一龙王槐 （特级保护）

古槐位于怀来县桑园镇西蒋营村。树高19米，胸围380厘米，冠幅10米×10米，树龄1000年。古槐西北50米处为龙王庙遗址，此树与庙同龄，故称“龙王槐”。

古槐树干中空，但长势不衰，南侧主枝虽枯，偏北树冠依然繁茂。建龙王庙时植槐，槐与龙王庙共生，因槐树为长寿树，所以好使龙王长生不老，以保该村风调雨顺，五谷丰登。

龙王庙共有正殿三间，东西厢房各三间，山门一座，占地面积150平方米，由于年久失修，到1980年前仅存正殿三间。近年村民将其进行修葺。因与龙王庙共生，百姓对此树也倍加爱惜，且在中空的树干内又栽小榆树一株，当地百姓又称之为“槐抱榆”。

京西第一爷孙槐 （一级保护）

古槐位于怀来县存瑞镇黄山嘴村。树高16米，胸围327厘米、冠幅11米×9米，树龄700年。古槐主干呈顺时针旋转生长，树皮条纹也右旋向上，主干上部向西北方向倾斜，基部空心，长势旺盛。其侧另有一株槐树，树龄不足百年，树体细高，犹如爷孙俩在村口一起散步。

黄山嘴村，清道光十九年（公元1839年）建村，取名“黄山脊”。后因村内三个墩台，正对东山嘴，改称“黄山嘴村”。

宣府第一槐 （一级保护）

古槐位于宣化县顾家营镇顾家营村小学院内。树高24米，胸围395厘米，冠幅19米×20米，树龄600年。古槐主干粗壮，树体高大，气势恢宏。

古槐之北原为正殿庙，南为戏台。传说，明初有一顾姓者在此安家，并建此庙。其从南方老家带来一株槐树植于庙院内，生长至今，成为参天古树。如今此地建成小学，时而传出朗朗读书声。

京西第一关帝槐 （一级保护）

古槐位于怀来县存瑞镇甘泉庄村。树高18米，胸围370厘米，冠幅20米×18米，树龄600年。古槐树体高大，树冠庞大，气势不凡。

此处为关帝庙遗址，古槐与关帝庙共生，故称“关帝槐”。寺庙建于明代，原有正殿三间，山门一座，占地120平方米，庙内供奉关云长像，意为做人忠义，教人正直。

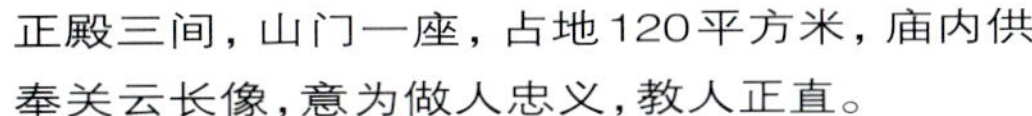

甘泉庄原为“井家庄”。此地有眼清泉，清康熙皇帝私访到此，口渴难忍，便取泉水饮之，觉得像甘露一样，遂命名“甘泉庄”。

京西第一姊妹槐　（一级保护）

两株古槐位于怀来县桑园镇西蒋营村。树高分别为14米、13米，胸围分别为227厘米、188厘米，冠幅分别为12米×20米、11米×12米，树龄均为600年。两株古槐相距10米，一大一小，长势婀娜柔美，形同姐妹，当地村民称之为“姊妹槐”。

明永乐元年（1403年）实行军屯，由山西迁来移民来此定居，因高姓居多，取名“高家堡”，后因东临东蒋营，改名“西蒋营”。

京西第一翠花槐　（一级保护）

古槐位于怀来县小南辛堡乡外井沟村。树高20米，胸围283厘米、冠幅13米×15米，树龄500多年。古槐树冠圆形，树头枝叶簇生，长势旺盛。盛夏，古槐黄花，叶翠花娇，花叶映趣，枝枝欲滴，当地人爱称为"翠花槐"。

相传，该村为清顺治年间建村，人们在深沟里打了一口井，故名"井沟"。1996年分为里井沟和外井沟两个自然村。

槐
抱
榆
HUAIBAOYU

河北第一槐抱榆 （特级保护）

古槐抱榆位于涿鹿县温泉屯乡温泉屯村。树高15米，槐树胸围126厘米，榆树胸围251厘米，总冠幅16米×16米，树龄500年。该树枝叶茂盛，树冠庞大，浓荫覆地。尤为神奇的是，两树紧贴而生，槐树的两个分枝犹如两只手臂，呈环抱状，正好将大榆树拦腰抱住，堪称奇绝，是名副其实的“槐抱榆”。

树旁有碑，碑文为：“据《水经注》等史书记载，此地有温泉能医百病，并建温泉宫（登桥山之黄帝祠）供历代皇帝居住，明末，泉枯殿毁。神奇的‘槐抱榆’又名‘合欢树’，代之而生。一说为黄帝与嫘祖的化身；一说为槐槐榆榆男女青年相爱的象征。”

又据村民讲，很久以前，有一对恋人，因豪强恶霸阻碍，不能结成夫妻，便紧紧相抱一起，服毒死去，化为两棵树，即为今天的“槐抱榆”。当地百姓将此树作为爱情永存的象征，精心加以保护。

此树被载入《河北省志·林业志》和《河北古树志》。

南山第一槐 （一级保护）

古槐位于涿鹿县南山区牛角庄村。树高 15 米，胸围 340 厘米，冠幅 12 米 × 10 米，树龄 500 年。主干在 2 米处分杈，侧枝呈扇形分开，分枝细密，树冠倾斜。夏秋季节，村民在此乘凉、避雨、集会、议事。因其树龄、干径在涿鹿南山区无出其右者，故称“南山第一槐”。

牛角庄村，地处大独山麓，独山像头牤牛，村座落的地形似牛角，明中期建村，故名“牛角庄”。

南山第一蟒石槐 （一级保护）

古槐位于涿鹿县南山区蟒石口村。树高22米，胸围297厘米，冠幅20米×22米，树龄400年。古槐生于村东路口，分枝众多，冠型饱满，树冠庞大，给过往行人搭起了一个休憩的凉棚。

传说，古槐的旺衰与该村的兴衰息息相关，古槐如生长旺盛，则该村风调雨顺，五谷丰登，六畜兴旺，村民健康；反之，则诸事欠佳，所以该树被村民视为神树，倍加爱惜。

距此古槐30米远的路边另有一古榆，被称为“把门神”。

京西第一龟背槐 （一级保护）

古槐位于怀来县狼山乡狼山村火车站。树高12米，胸围250厘米，冠幅10米×10米，树龄400年。

古槐原在河边生长，建火车站后，从河边移栽与此。树干柯磊多节，干皮怪异，干瘤形成各种图形。近观树干，好似龟背图案，天然如画。过往行人，往往顿足细观，常常赞叹不已，被人誉为“京西第一龟背槐”。此树为狼山火车站增添了诗情画意，同时，也陡增了几分热闹。

京西第一奶奶槐 （一级保护）

古槐位于怀来县桑园镇北袁营村。树高18米，胸围200厘米，冠幅10米×10米，树龄400年。树干曲折扶摇向上，萌发新枝蓬勃丛生，毫无老态。因古槐植于奶奶庙旁，故被村民当成“奶奶神”的化身。

奶奶庙为清代硬山顶木结构建筑，共有正殿三间，内有大量壁画，曾香火旺盛，香客不绝，后因战火而衰，庙房也已破旧不堪。

阳原第一槐　（一级保护）

古槐位于阳原县浮图讲乡槽村。树高12米，胸围199厘米，冠幅13米×12米，树龄400年。古槐从主干高5米处形成树冠，主干向东南方倾斜，冠偏东北，整个树体形似一个高脚杯。

此处有古庙遗址，原庙建于明代中末期，此树为建庙时所栽。俗语云："千年松，万年柏，赶不上槐树拐一拐"，形容槐树寿命之长。所以很多寺庙在建庙时都要栽植槐树，意在与"神寿"同生，与日月共存。

古城第一槐　（一级保护）

古槐位于张家口市新华街桥西民政局门前。树高11米，胸围236厘米，冠幅14米×16米，树龄300年。主干树皮斑驳，干瘤密布，满目沧桑。古槐虽处墙角，生长环境狭小，但仍枝繁叶茂，树冠在房顶上伸展，枝叶呈簇状，更显浓密。因其在市区独树一帜，故名“古城第一槐”。

此处原为张家口市女子小学，又叫第十小学。据传，原有一位郭姓有钱人家住在附近，因行善欲建一所小学。见此地有棵古槐，“门口有棵槐，麒麟送子来”，为讨吉利便选址在此地，以祈学生好好读书，前途万里。

京西第一镇寺槐 （一级保护）

古槐位于高新区姚家庄镇东榆林村榆林小学后院。树高12米，胸围226厘米，冠幅14米×17米，树龄300年。古槐主干挺拔，树冠庞大，侧枝横生下垂，像一把绿绒大伞。

此处原为金陵寺，传说此树是镇寺之宝，寺庙焚毁后，在原址建榆林小学。

据碑文记载，东榆林村于明朝万历十八年（1590年）建村，村周围榆树成林，得名“榆林”。因三个村连接，本村靠东，故名“东榆林”。

京西第一五指槐 （一级保护）

古槐位于高新区姚家庄镇东榆林村戏台前。树高8米，胸围220厘米，冠幅15米×12米，树龄300年。该树主干粗壮，树冠庞大，枝叶茂盛，浓荫铺天盖地。主干上分五枝，犹如人手五指向天。

相传，东榆林、中榆林两村相连。明初年间，东榆林村建有“玉皇阁”，中榆林（现小学院）建有“金陵寺”，两庙周围种植了大量杨、柳、槐树，后金陵寺被宣化官府烧毁，大火烧了三天三夜，周围的树木都被烧死，唯独此株槐树和现榆林小学院内的槐树幸存下来。“玉皇阁”至今遗址仍存。

京西第一三官槐 （一级保护）

古槐位于下花园区定方水乡定方水村小学院内。树高16米，胸围195厘米，冠幅12米×10米，树龄300年。此古槐紧贴房墙生长，从房檐处分枝，北侧树冠布满屋顶，南侧枝条向下倾斜伸展，冠型开张。

此地原为三官庙旧址。据了解，定方水“三官庙”，始建于唐朝，因庙里供奉着“天官、地官、水官”保佑一方平安而得名。民国三年（1914年），定方水国民学校在此成立，成为当地第一所初等教育学校。目前，除院落庙宇尚存，为学校教导处住址，其他庙房已不复存在，只有那株苍桑古槐依然诉说着百年故事。

形态怪异的古榆

河北第一寿星榆 （特级保护）

古白榆位于崇礼县西湾子镇四道沟村。树高25米，胸围630厘米，基围2380厘米，冠幅16米×18米，树龄2100年，为张家口市最长寿的榆树。树干从1.5米高处分成两大主枝，地面7条老树根向外伸展，将高大的树体牢牢固定。

相传300年前，该村在此处建龙王庙和观音庙，由于有这样高大、繁茂的大榆树，二庙香火不断，现仅存遗址。

此树被载入《中国树木奇观》。

京西第一榆 （特级保护）

两株古白榆位于赤城县样田乡上马山村。树高均为28米，胸围分别为700厘米、490厘米，冠幅分别为24米×20米、20米×20米。据传在北宋中期,就称其为千年古榆,估测树龄在2000年以上。二树相距咫尺(东西排列,相距6米),情同伯仲,乡人称“兄弟榆”。

两株古榆,大者需五人合抱,为河北第二粗榆，京西第一粗榆。枝如虬龙，旁逸斜出,历千载沧桑,仍枝繁叶茂,生机盎然。夏季亭亭如盖,绿云荫蔽；冬季瑞雪满枝，峥嵘傲然。地有山谷之物，树有精气之灵，人有厚朴之纯,相生相映。

中国第一蚩尤榆 （特级保护）

古白榆位于涿鹿县矾山镇龙王堂村委会院内。树高28米，胸围550厘米，冠幅20米×20米，与院内的蚩尤松同龄，估测树龄1500年。此树在主干高10米处分为三大主枝，一侧枝条上长，另一侧枝条下垂，犹如披发，被视为蚩尤化身。

此地是古代黄帝战蚩尤遗址之一，属蚩尤部落营地。明宣德九年(公元1434年)在蚩尤城旁建“龙泉寺”，此树建寺前即有。寺内建有龙王殿、佛殿、瑟雷殿、悬山殿、四大天王殿，另有龙王庙和老爷庙，现仅存龙泉(蚩尤泉)。

此树被载入《河北省志·林业志》和《河北古树志》。

京西第一敬德榆 （特级保护）

古白榆位于涿鹿县大堡镇下洗马村。树高15米，胸围530厘米，冠幅20米×18米，树龄1500年。树干粗壮苍凸，树冠西侧枝干因起火锯掉，东侧枝干因风而断，现呈南北侧枝伸张之势。虽老态龙钟，但依然古干新枝，不失老态新韵。

据传，此处曾是唐朝大将吴国公尉迟敬德在树下洗马的地方，树北侧曾建有五道庙，西侧有水池，现已不复存在。村名因尉迟敬德在树下洗过马而得，古榆也被誉为“京西第一敬德榆”。

河北第四榆　（特级保护）

古白榆位于崇礼县红旗营乡下双台村。树高11米，胸围560厘米，冠幅6米×8米，树龄1200年。胸围位居河北第四，故名“河北第四榆”。树干基部粗壮，上部分枝向东西两侧平伸，一下垂分枝梢部酷似蟹钳。整个树体枝干大部干枯，树冠零落，树皮粗糙，干瘤堆垒，尽显龙钟之态。

下双台位于红旗营乡驻地西南6.4公里处，地处正沟下部。明朝初年始有此村。因该村位居下面（南部）的双台处，故名。据传，在元朝，元军以利作战，在附近各地用土筑成一对对台墩，其上可点火报警，俗称这些台墩为双台。

京西第一三代榆 （特级保护）

三株古白榆位于蔚县北水泉镇政府门口西侧的扶桑泉旁。树高均为16米，胸围分别为370厘米、270厘米、470厘米，总冠幅30米×30米，树龄1020年。

三株白榆相邻并排生长，两边大，中间小，远看为一，近看为三，细看为九，指三棵树共有九个大的分枝。三株古榆好似祖孙三代，故称“三代榆”，当地百姓称之为“合家欢”。

北水泉位于蔚县城北偏东33.9公里处，东靠高坡，西临壶流河，109国道从镇东边绕过。明代建村，为蔚县“十大镇”之一。此地有一扶桑泉，因村址位于蔚县北部，取名“北水泉”。此泉位于镇政府门口，与三株古榆紧邻，泉池修成八角形，泉水清澈见底。

三株古榆被载入《河北省志·林业志》和《河北古树志》。

京西第一风水榆 （特级保护）

古白榆位于赤城县后城镇郑家窑村，为两株。较大的一株在村北路南，另一株距此树东50米路北。树高分别为25米、22米，胸围分别为510厘米、390厘米，冠幅分别为20米×18米、16米×18米，树龄均为1000年。

两树生长历史悠久，民国初年村民生活困难，要把树卖掉。正卖榆树时，南尹家沟侯拔贡从延庆回家，途经此地，因知它们是风水树，就出钱买下，两棵榆树得以保留。现在生长茂盛，枝叶繁多，毫无衰老迹象。

京西第一卧龙榆 （特级保护）

古白榆位于崇礼县四台嘴乡青菜沟门村。树高8米，胸围351厘米，冠幅10米×10米，树龄1000年。古榆座落在一石头台上，树干匍匐生长，形似卧龙，树皮大片脱落，干瘤隆起，其上布满核桃皮样的花纹，斑驳陆离，写满了千年沧桑。主干顶部分为二杈，大角度张开，形成分散的树冠，上部枝条扭曲回还，尽显苍老。

天下第一怪榆 （特级保护）

怪榆位于涿鹿县矾山镇龙王堂村西北蚩尤北寨遗址。树高12米，胸围251厘米，冠幅14米×18米，据说与蚩尤松同龄，估测树龄为1000年以上。此树曾遭雷击，主头枯毁，侧枝横向延伸，且部分干枯，残缺不全。

此树虽然其貌不扬，但极具神奇，被称为“怪树”。春天结榆钱，秋天结黄色浆果，类似沙棘的果实，树木每出一个新枝都分为两种树芽，甚是奇异，古今罕见，堪称“天下第一怪榆”。至今谜底无人能解，老百姓尊之为“神树”。

此树被载入《河北古树志》。

华北第一龙爪榆

（一级保护）

古白榆位于宣化县赵川镇小化家营村。树高12米，胸围335厘米，冠幅15米×15米，树龄900年。

古榆冠如巨伞，生长茂盛，主枝盘曲下垂，触手可及。有七、八道侧根裸露地表，如龙爪紧紧抓住地面。主干向西倾斜30度左右，为保护树体，村委会现用两根六寸铁管支撑。

小化家营，明代建村，由守边兵营发展而成。清初，因西南有大化家营村，故称现名。

京西第一桑园榆　（一级保护）

古白榆位于怀来县桑园镇桑园村。树高23米，胸围460厘米，冠幅20米×14米，树龄700多年。古榆紧邻沙东公路，树形高大，过往行人侧目即见。

桑园村原名“三园堡”，由现在的南堡，东街至于家巷为下堡，上庙为上堡，三个堡组成。清嘉庆年间，上堡和下堡连成一体，因村北有一片桑树，故将三园堡改称为“桑园”。

此古树被载入《河北省志·林业志》和《河北古树志》。

崇礼第三榆 （一级保护）

古白榆位于崇礼县驿马图乡拉马营村河滩。树高22米，胸围440厘米，冠幅20米×14米，树龄700年。因胸围位居崇礼第三，故名。古榆主干粗壮略倾，其上布满茂密的侧枝，与上部分枝连为一体，形成巨大的树冠。

驿马图位于崇礼县西北部，地处西沟中上部与圪料沟的衔接处。元朝末年始有此村。当初西沟为通往北国的交通驿道。在此地设驿站，备有马匹供使，蒙人称此村为“驿马图”（“图”蒙语，村的意思）。

崇礼第四榆　（一级保护）

古白榆位于崇礼县四台嘴乡马丈子村小学院内。树高15米，胸围424厘米，冠幅8米×10米，树龄700年。因胸围在崇礼县位居第四，故名“崇礼第四榆”。此树主干粗圆，在5米高处分为三杈，并拢向上。

古榆在朗朗读书声中生长，树与学生一起天天向上，不由使人想起“十年树木，百年树人”的古训。

鸡西第一榆 （一级保护）

古白榆位于下花园区辛庄子乡响水铺村。树高20米，胸围435厘米，冠幅25米×23米，树龄700年。古榆主头因雷击而死，其他主枝虽也部分干枯，但侧生新枝仍生机盎然，其一折断侧枝一直伸到院墙以外。

此树位于全国现存最大驿站鸡鸣驿以西，古驿道通过此地设暖铺驿站，故名“鸡西第一榆”。相传清康熙皇帝曾到宣化路经此地，在此树下小憩，见此树缺水，干枯近死，便曰：“此树不可死。”于是村民浇灌此树，并加以爱护，古树又转为旺盛生长至今。

响水铺，明代成村落，因村南洋河水流哗哗作响，故名“响水铺”。

京西第一寺院元榆 （一级保护）

古白榆位于张家口市桥西区云泉寺内。树高12米，胸围80厘米，冠幅7米×7米，树的根龄为639年，树龄48年。此树称元榆，栽于1366年，1958年自然死去，后在老树根部又长出新树。此榆与距其10米远的柳树并称为“元榆明柳”。

云泉寺原为道家及民间祈拜之地，最初形成于元代以前，佛教立寺和云泉寺定名始于明代。明清及民国年间几次维修增建，最终形成集佛道合一的一处较大寺院。寺内建筑依山而建，占地2520平方米，建筑面积776平方米。“文化大革命”期间被严重破坏，经过20年的修缮，现已成为张家口市重要的人文游览境地。

京西第一牌楼榆

（一级保护）

古白榆位于崇礼县驿马图乡圪料沟村。树高14米，胸围400厘米，冠幅13米×13米，树龄600年。古榆树状奇特，树干呈弓形卧生，一主枝扑地，另一主枝直立在弓背上，犹如树上长树，其顶部分枝横生，形成树冠。因此树生在路旁一侧，树体越过小路弯伸到另一侧，正好给过往行人搭了一个天然的牌楼，故名“牌楼榆”。

圪料沟村位于驿马图乡驻地东北5.3公里处，地处西沟东北侧的圪料沟东北端。清朝乾隆年间始有该村。因当时该村山沟内长满红柳，人们常到此割柳，故名“割柳沟”。后以谐音演化为“圪料沟”。

京西第一东园榆 （一级保护）

古白榆位于怀来县沙城镇东园村。树高12米，胸围420厘米，冠幅13米×14米，树龄500年。古榆分枝众多，树体古朴，尽显沧桑。

清朝，外地几户人家来此定居，以种菜为生，因其村位于沙城东面故名东园村，"京西第一东园榆"也由此得名。

京西第一蛤蟆榆（一级保护）

古白榆位于宣化县李家堡乡小蛤蟆口村。树高15米，胸围415厘米，冠幅18米×20米，树龄500年。古榆干径粗壮，树冠庞大，树荫浓密，似高擎巨伞，气势壮观。

小蛤蟆口，明代建村。村外有一形似蛤蟆的黑色巨石。因地处庞家堡镇大蛤蟆口村西北，故名小蛤蟆口。树名因村名而得。

京西第一大老爷榆 （一级保护）

古白榆位于崇礼县西湾子镇头道营村。树高14米，胸围415厘米，冠幅10米×13米，树龄500年。树干扶摇直上，其上密布分枝。根部隆起，基围达770厘米。

当地共有两株古榆，此株较大，故名“第一大老爷榆”。

头道营村位于西湾子镇驻地南偏西3.3公里处，地处二郎城沟与东沟衔接处。明朝洪武年间建村。

京西第一二老爷榆 （一级保护）

古白榆位于崇礼县西湾子镇头道营村。树高15米，胸围300厘米，冠幅7米×8米，树龄400年。古榆在4米处分为四杈，向四个方向伸展。树根大面积裸露，如蛇蜿蜒爬行。由于此树长在土丘上，根部与房顶平齐，树体虽不够高大，但高高在上，令人仰视。

因该树与大老爷榆同处一村，故名“二老爷榆”。

京西第一山神榆

（一级保护）

古白榆位于崇礼县高家营乡营盘地村。树高15米，胸围410厘米，冠幅11米×12米，树龄500年。古榆主干粗壮，在4米高处分生两枝，一枝向上，一枝斜伸下垂。最有特色的是树体下部，树干似扁圆的手臂，侧向暴露的树根酷似二指并拢，树干基部向下的树根又似大拇指。远观形似一只巨手，掌心向下，两指平伸，拇指下垂，指尖触地。

营盘地，明朝成化年间建村。传说元朝末年在此扎过军营，故称营盘地，后为村名。

古榆附近有座山神庙，今遗址无存，“京西第一山神榆”因庙得名。

京西第一守门双榆 （一级保护）

两株古白榆位于崇礼县四台嘴乡沟门村。其中靠近公路的一株树高12米，胸围410厘米，冠幅13米×14米，树龄500年。另一株树高10米，胸围275厘米，冠幅8米×10米，树龄300年。因两树均生长在村口路边，犹如哨兵，日夜守护着村庄门户，故名“守门双榆”。

沟门村位于四台嘴乡驻地西北偏南7.4公里处，地处回子沟沟口。清初建村，因该村座落在回子沟口处，故名“回子沟门村”，后简称沟门村。

京西第一连体榆　（一级保护）

古白榆位于尚义县甲石河乡大柳沟村西。树高13米，胸围404厘米，冠幅19米×22米，树龄500年以上。

古榆树皮开裂，分枝多且下垂，根部由于水蚀而裸露，犹如巨蟒缠绕。树根底部有空洞，可容两人。由于此树从基部分为两杈，两部分树体紧靠一起，连体而生，故名“京西第一连体榆”。

据尚义县地方志载：大柳沟村为清顺治年间立村，因村内沟中有柳林，故名。

南山第一高榆　（一级保护）

古白榆位于涿鹿县南山区北峪店村。树高30米，主干高20米，胸围385厘米，冠幅8米×8米，树龄500年。古榆主干高挺，树高在南山区居首，故称“南山第一高榆”。

古榆时有发出“呜呜”的鸣叫声，特别是在春季风大时，鸣声可持续两三个月。该自然村位于山沟内，古树则在小山坡底，之所以发出鸣叫声，可能与树体结构、周围环境所形成的风对流有关。

北峪店，明末清初建村，当地曾有王姓在此地开店，故名北峪店。

陀山第二榆 （一级保护）

古白榆位于赤城县大海陀国家级自然保护区闫家坪村西山坡。树高17米，胸围372厘米，冠幅15米×14米，树龄500年。古榆主干粗直，树体高大，分枝如蛇，苍劲盘旋，枝叶浓密，长势茂盛，树冠近圆形。此处古榆只此一棵，独生山梁，傲然孤立，翘首远望，独领风骚。此榆在大海陀区域胸围排第二位，故称"陀山第二榆"。

京西第一瑞云榆 （一级保护）

古白榆位于怀来县瑞云观乡瑞云观村委会院内。树高23米，胸围360厘米，冠幅18米×19米，树龄500年。古榆树干直立，在3米高处同生侧枝，树冠饱满，长势旺盛。树名因村名而得。

瑞云观建于清初，当时怀来城太师庙有位号称瑞云的道士来此定居建庙，香火日盛，人丁兴旺，渐成村庄，因居住地势较高，故名“高台村”。后因大水冲庙，得名“水龙灌”。以后人们为纪念瑞云道士，于清中期建三清庙和龙王庙，同时将村名改称“瑞云观”。

京西第一母子榆 （一级保护）

古白榆位于万全县北新屯乡小麻坪村南。一大一小两株，小树为大树旁边萌生而出。大树高12米，胸围337厘米，小树高8米，胸围130厘米，总冠幅20米×18米，树龄500年。两株古榆一大一小，相伴而生，犹如母子，“京西第一母子榆”由此得名。大树长势苍劲，树冠庞大，枝叶浓茂 ；小树在大树的护佑下生长，远观如同一树。百姓视之为保村平安、风调雨顺的风水神树。

京西第一罗锅榆 （一级保护）

古白榆位于万全县北新屯乡红旗扬沟村边。树高11米，胸围335厘米，冠幅15米×15米，树龄500年。主干弯曲，主枝均下垂生长，枝条茂密，浓郁覆地。因其树干弯曲，故称“京西第一罗锅榆”。

据载，清咸丰年间（1851~1861年）有个叫郝起羊的人从万全城到此山沟开垦谋生，故名“郝起羊沟”。后因郝起羊与黑其牙相讹，改称其“黑其牙沟”。1966年经县更名为“红旗扬沟”。

华北第一边界标志榆 （一级保护）

古白榆位于尚义县甲石河乡杏元沟村，尚义县与万全县交界处。树高7米，胸围327厘米，树冠南北较长，东西稍短，冠幅10米×11米，树龄500年以上。古榆主头已死，从基部分为三杈，粗细基本相同，长势粗壮苍劲。一杈因上香烧火被烧毁，另一侧分枝匍匐生长，树枝边缘着地，整个树冠呈蒙古包状。

相传，这是一棵神树，由此南来北往的行人经常在这里烧香、祭拜，最远的来自沧州，可见此树知名度之高。由于此树位于尚义与万全交界处（俗称“边墙”），故名“华北第一边界标志榆”，当地人常以此树取名为“边×、树×”等。

河北第一独石群榆 （一级保护）

古榆群位于赤城县独石口镇独石口村西南公路旁。此处有一巨大独石，相传该石为天上飞来的陨石所至。该石在《水经注》中有记载曰 ：“独石孤生，不因河而自峙，其周围不足百步，高不及二丈，与周围中假山相似，钟灵天地，究未可作山观也。”明正统七年(1442年)，石上建有独石庙，今庙已废，惟有群榆参天。

该石上及周围共有古榆大小9株，其中石上生长的两株最为年久，树龄500年，树高分别为12米、20米，胸围分别为298厘米、292厘米，冠幅分别为8米×9米、15米×15米。两株古榆虽长于石缝间，土壤瘠薄，但长势茂盛，枝干桠杈，参天遮日。其周围的榆树也为天然，但胸径较小，推测为古榆落籽所生，形成的“独石群榆”成为天然的一大盆景。

此树被载入《河北省志·林业志》和《河北古树志》。

京西第一神榆 （一级保护）

古白榆位于赤城县东万口乡巴图营村东。树高13米，胸围280厘米，冠幅17米×16米，树龄500年。古榆斑驳苍劲，枯枝较多，但又生出新枝，陈皮脱落，新皮再生，有返老还童之感。

清朝年间，满族东翼镶黄旗曾屯兵于此，取满语村名“巴图营”（巴图：勇士之意）。

坝上第一罗汉榆 （一级保护）

古白榆位于塞北管理区榆树沟管理处大榆树沟村西侧的山坡上，海拔1493米。整个古树群面积10亩左右，共计174棵。其中最大的一株树高5米，胸围200厘米，冠幅7米×7米，树龄500年。在坝上草原，群生古树实属罕见。

据传，古时有一皇帝领兵路过此地，突然天气骤变，狂风大作，唯此山沟内风和日丽，遂带大军躲避于此。因一路劳顿，下马后将马鞭插在地上休息。待天气好转，大军离去，皇帝插马鞭处便生出一棵榆树。几百年后，这棵榆树便长成了大树。如今树干早已中空，且树皮大片脱落，但仍不失苍劲，尤其在云雾缭绕时，远远望去，鳞甲闪动，角崭鬃张，更显气势雄伟。

推测古榆均为天然落种所生。百年来，古榆和它的后代子孙们定居在大榆树沟里的山坡上，吸天地之灵气，汲日月之精华，浴云雾之甘露，如山之精灵，似罗汉布阵，日夜伴护着莽莽草原。

京西第一八仙榆柳 （一级保护）

在怀来县狼山乡五营梁村的水塘边曾有9株古榆柳，原取“九九归一”之意而栽植。因榆柳配对，只有一棵古柳无榆匹配，现已枯死，仅存8株，现称“京西第一八仙榆柳”。

现存的8株古树中共有4榆、4柳，树高5～23米，胸围192～370厘米，冠幅6～20米×4～21米，树龄均为400年。其中两株柳树主枝枯死，侧面又生出新枝。南侧的榆树，干径最粗，冠幅最大，树高23米，胸围370厘米，冠幅20米×21米。在怀来的官厅水库、该村的南山，都可遥遥望见此榆。

京西第一守庙榆 （一级保护）

古白榆位于崇礼县红旗营乡白化沟村。树高17米，胸围360厘米，冠幅8米×10米，树龄400年。古榆主干粗壮，在5米高处分成两大主枝，其上均分两杈。尤其是上部枝条均曲折生长，形如盘蛇，或蜿蜒扭拐，或盘绕回还，或弯折下垂，扭曲盘桓。

古榆旁为古庙，古庙古榆，相映相衬，威武高大的古榆更像是一位忠实的卫士，日夜守护着古庙，故名“守庙榆”。

南山第一镇村榆（一级保护）

古白榆位于涿鹿县南山区西安村。树高25米，胸围320厘米，冠幅13米×15米，树龄400年。主干挺直完好，树干在三分之二处分枝，主头已枯，侧枝弓形下垂，枝头分杈如爪，树皮纵裂如沟壑。

传说，宋末元初该地建庵，从此这一带野兽隐迹，环境安定，后人在庵西侧居住立村，取名“西庵”，后演变为“西安”至今。此榆为元末明初所栽，因榆树结榆钱，有后代发财、人丁兴旺之意，人们尊之为树神，并视为镇村之宝，保护良好。

京西第一龙头拐榆 （一级保护）

古白榆位于赤城县雕鹗镇孙庄子村。树高18米，胸围314厘米，冠幅10米×6.5米，树龄400年。古榆树干直立，在3米高处直角弯折，呈龙头拐状，上部两分枝斜伸，呈羚羊角状，树皮裂纹沟壑纵横，更显老态龙钟。

雕鹗堡筑于明朝宣德六年（1431年），该堡元朝时为雕巢站，明初置浩岭驿，因堡西有石壁，高10丈，势威若倾，上有穴八九尺深，传古为雕鹗所栖，因以名堡。该堡地处红河中段，山峦挺拔俊秀，古人为之概括出雕穴奇崖、龟山灵石、仙洞长春、北岭晴云、海陀积雪、龙潭瀑布、南河夏涨、风岭孤松八大名景。雕鹗堡为龙关、赤城、沙城、滦平四县镇交汇处，是赤城县南部的重要贸易场所。

京西第一双雄榆（一级保护）

两株古白榆位于崇礼县白旗乡下窝铺村委会院内。树高分别为21米、20米，胸围分别为290厘米、205厘米，冠幅分别为16米×15米、15米×15米，树龄均为360年。两株古榆相距3米，树高相仿，长势如一，均向同一方向倾斜，如两位士兵站岗放哨，威风凛凛，并排站立，故名“双雄榆”。

下窝铺村位于白旗乡驻地西南3公里处，地处东沟中上部。清乾隆年间始有此村。初有山西省榆次县赵、金两户到此开荒种地，搭起窝铺居住，遂得村名“窝铺”。后为有别于上边的同名村，改名为“下窝铺”。

京西第一九神榆 （一级保护）

古白榆因位于赤城县东万口乡西万口村“九神庙”院中而得名。树高17米，胸围340厘米，冠幅18米×16米，树龄350年。树干笔直挺拔，亭亭玉立。

九神庙建于清咸丰年间，共有庙宇三间，庙中供奉狐神、岱王等九位神圣，故称九神庙。

京西第一悬崖榆（一级保护）

古白榆位于崇礼县四台嘴乡辛丈子村。树高9米，胸围250厘米，冠幅10米×8米，树龄350年。古榆生于山坡，由于水土流失，根部裸露，如同站在悬崖边缘。树干在4米高处向一侧扭生，树冠偏向下坡方向，有欲倾覆之感，但受庞大根系的支撑，又异常稳固，有惊无险，故名“悬崖榆”。

张北第一榆 （一级保护）

古白榆位于张北县大囫囵镇翠花宫村沙河边。树高13米，胸围220厘米，冠幅21米×22米，树龄350年。古榆枝叶异常繁茂，遮天蔽日，长势极盛，形成天然的大凉棚，可容纳数百人同时乘凉。

传说，该村每年雨季，都有大量洪水从村边沙河流走，正因为有了此古榆保护，村庄才未被河水冲毁，全村百姓的生活得以幸福、平安。

据张北县地名志记载，该村建于清道光年间。原有蒙民居住，因一蒙族女子翠花被选入宫，特为她修建大宅，取名“翠花宫”。

长城脚下第一榆　（一级保护）

古白榆位于怀来县土木镇炮儿村。树高20米，胸围355厘米，冠幅10米×13米，树龄300年。主干粗壮，上分两大主枝，整个树体长势繁茂，浓荫蔽日。因地处长城脚下，而得名“长城脚下第一榆”。

明朝英宗皇帝率军与瓦剌作战时，在此驻扎过炮兵，后人定居取名“炮儿村”，这里紧邻长城的样板工程“样边”。

京西第一扇形榆

（一级保护）

古白榆位于赤城县后城镇青罗口村。树高15米，胸围345厘米，冠幅20米×20米，树龄300年。古榆树干挺直粗壮，分枝呈扇形散开，冠幅巨大。因其适应环境能力强，又得到人为保护，虽树龄达300年，仍枝繁叶茂，生长旺盛。

青罗口村位于乡政府驻地西南3.75公里处。传说唐朝小将罗通扫北，扎兵与此，得名“青罗口”。

京西第一五指榆　（一级保护）

古白榆位于怀来县东八里镇东八里村。树高15米，胸围345厘米，冠幅10米×20米，树龄300年。古榆主干扁圆，在2米高处分成扇形展开的五杈，如手掌伸出五指。因风刮断一杈，现留四杈，当地人称“五指榆”。树冠东西伸展南北扁平，形似一个巨大的扇子。

东八里，明洪武二十五年（1392年）修筑城堡，因位于雷家站（今新保安）东八华里，故得名。

京西第一旗杆榆　（一级保护）

古白榆位于涿鹿县南山区马兰村。树高26米，胸围400厘米，冠幅18米×18米，树龄300年。主干挺直，枝条健壮，树叶浓密，树冠完整，当地人称“旗杆榆”。附近另有一株白榆，树高21米，胸围227厘米，冠幅12米×12米，树龄同为300年。虽干径较细，却更显苍老。

相传在明末的灾荒、清代的战乱、建国初的“四两关”等多次饥荒中，村民都以此榆叶、榆钱充饥，且累采不败。所以村民称之为“度荒榆”。

马兰村，明代建村，旧时曾产马兰，村中有一条河称马兰河，村以马兰得名。

京西第一转旨榆 （一级保护）

两株古白榆位于崇礼县四台嘴乡转枝莲村。树高分别为15米、13米，胸围分别为315厘米、280厘米，冠幅分别为5米×6米，5米×5米，树龄均为300年。其中临街的一株，树干粗细均匀，直立挺拔，分枝聚拢向上；另一株树冠分枝杂乱，与前一株向上的态势迥然不同。

转枝莲，元朝初年始有此村。此村紧挨太子城村，因太子居住，需要转请圣旨，所以此村就叫“转旨连”。后人俗称“转枝莲”。“京西第一转旨榆”因“转旨连”村名而得。

京西第一四老榆

（一级保护）

四株古白榆位于崇礼县四台嘴乡黄土窑村。树高分别为15米、8米、10米、9米，胸围分别为276厘米、190厘米、257厘米、248厘米，冠幅分别为12米×11米、6米×6米、10米×9米、8米×8米，树龄均为300年。四株古榆树姿各异，树干扭曲，枝条盘旋，奇形怪状，犹如四位老态龙钟的老人，满头华发，驼背躬身，尽显沧桑。其中靠近路边的一株，主干盘旋扭曲，又似苍龙立身探路。

黄土窑村位于四台嘴乡驻地西偏北8.3公里处，地处前沟中部。明朝末年始有此村。初因人们在黄土崖上挖窑居住而得名。

崇礼第一旗杆榆　（一级保护）

古白榆位于崇礼县红旗营乡白化沟村。树高15米，胸围275厘米，基围380厘米，冠幅8米×9米，树龄300年。古榆主干通直，分枝位置较高，像一根旗杆矗立在院落中央，故名"旗杆榆"。树冠下部枝条低垂，外围新枝繁密，长势较盛。

白化沟位于红旗营乡驻地北偏东6.1公里处，正沟中部。明朝永乐年间始有此村。当年因该村所处的山沟长满白桦树，故名"白桦沟"，化、桦同音，民国以来渐俗写为化，始成今名。

京西第一把门榆 （一级保护）

古白榆位于下花园区辛庄子乡郝家庄村口。树高15米，胸围265厘米，冠幅16米×16米，树龄300年。古榆长势旺盛，冠型饱满，好似一把大罗伞矗立村口，被村民视为守村口保平安的“把门神树”。

明初，山西郝姓人逃荒到此定居，故名“郝家庄”。

京西第一跪拜榆 （一级保护）

古白榆位于怀来县存瑞镇甘泉庄村土地庙。树高14米，胸围265厘米，冠幅11米×6米，树龄300年。古榆树干向东北呈45度角自然斜生，树冠偏斜，下垂枯枝盘旋扭曲，远观犹如巨人磕头跪拜，故名“跪拜榆”。

该土地庙为清代硬山顶木结构建筑，原庙有正殿一间，占地16平方米，现存基本完整。

京西第一观音榆 （一级保护）

古白榆位于下花园区段家堡乡观音堂村。树高13米，胸围260厘米，冠幅10米×10米，树龄300年。古榆树干粗壮，一枝枯死，另一侧枝向北倾斜生长，导致树冠偏向一侧，正好给道路搭了凉棚。树名因观音堂而得。

传说，在解放前，主人因家贫难以维持生计，欲伐树变卖，伐树时，从锯口流出红色如血的液体，此后再无人敢砍，现仍可见锯痕。

京西第一四季有榆(余) （一级保护）

古白榆位于万全县高庙堡乡西腰站堡村南。树高14米，胸围258厘米，冠幅20米×20米，树龄300年。

古榆的基部分为四杈，似四株树长在一起，枝条均下垂生长，枝条触地，长势繁茂，似一个个小凉棚组成的一个大凉棚，遮天蔽日，不漏罅隙。因根出四杈，故称“四季有榆（余）”。

明永乐二年（1404年），姚、詹两家来此建村。万历年间（1573~1619年）筑堡围，取名“姚詹堡”，因姚詹与腰站相讹，后来称“腰站堡”。解放后，为与张家口市腰站堡相区别，改称“西腰站堡”。

京西第一兄弟榆 （一级保护）

两株古白榆位于崇礼县西湾子镇黄土嘴村委会对面。树高均为10米，胸围分别为256厘米、254厘米，冠幅均为7米×8米，树龄均为300年。两株古榆并排生长，树状特征几乎一样，像一对孪生兄弟，故名"兄弟榆"。

据当地人讲，该处原有5棵古榆树，其中最大者需六人合抱。20世纪80年代，由于地下防空洞塌陷起火，其中三株被毁。

黄土嘴村位于西湾子镇驻地东偏北6.6公里处，地处黄土嘴沟东部。元朝初年始有此村。因该村原紧靠着一个黄土谷嘴（当地人称山崖突出部为谷嘴、圪嘴）而得名。

"京西第一兄弟榆"地处县城到万龙滑雪场路旁村内。因有此古榆，该村在此修建平台，安装健身设施，成为休闲避暑的好场所。

京西第一草原孤榆 （一级保护）

康保县闫油房乡万隆店村东北约一里，有一座奶奶庙遗址，遗址旁广袤的草地上，突兀独立着一棵大榆树，故名“京西第一草原孤榆”。树高11米，胸围250厘米，冠幅15米×14米，树龄300年。古榆树干敦实，冠型饱满，枝叶浓密，枝条婆娑，从远处看像一个大蘑菇。

此树的东南方不远原有一座奶奶庙，方圆几十里的老百姓，每到农历四月十八奶奶节，都要到此上香。“文化大革命”期间，庙被拆除，村民就把这棵大榆树当成奶奶庙的化身。

京西第一龙王榆 （一级保护）

古白榆位于下花园区段家堡乡观音堂村。树高15米，胸围240厘米，冠幅12米×12米，树龄300年。古榆基部分为三杈，树冠庞大，高高伸展在山墙之上，长势苍劲。

此树因生长于龙王庙而得名，相传为该庙的任师傅所栽。

市区第二榆　（一级保护）

古白榆位于张家口市人民检察院（原张家口大学）院内。树高15米，胸围230厘米，冠幅19米×14米，树龄300年，位居市区第二。古榆分枝开张，一枝弯曲上长，形成上部树冠，其他分枝向四周扩展，形成下层树冠，冠幅较大。

据桥西区地名志载：原张家口大学位于桥西区政府驻地西南0.8公里处，座落在西豁子街6号。占地面积8万平方米，建筑面积1.2万平方米。1984年建校，命名为张家口市联合职业大学（简称张家口大学）。

京西第一池榆 （二级保护）

古白榆位于涿鹿县栾庄乡黄土坡村水池东南侧。树高12米，胸围520厘米，冠幅12米×13米，树龄200年。古榆树体倾斜，树干从基部分成两部分，但分而不离，紧紧贴在一起。

黄土坡村历史上是一座古城堡。南侧有一棵十几个人才能合抱的大榆树，据说树空洞里能容四个人在里面打铁，后因火灾枯死，西侧便生出此榆。因生长在水池边，水土条件较好，故树龄虽小，但长势粗壮茂盛。又因池榆（鱼）是鱼水关系，是吉祥之兆，再加三个碾盘陪伴其下，更是别具情趣，故被称为“京西第一池榆”。

京西第一独脚凤凰榆　（二级保护）

古白榆位于万全县北新屯乡柳东河村东。树高13米，胸围187厘米，冠幅13米×11米，树龄200年。树干从4米高处分为两大主枝，上部分枝均开心生长，形成比较规则的树冠。

相传，此处原为凤凰城，现无建筑物遗留，只有一个宽56米，长58米的土埂残存。远古至今，遍布旷野，惟有古榆高大独立，形单影孤，故名“京西第一独脚凤凰榆”。

京西第一水母榆　（二级保护）

古白榆位于张家口市水母宫公园。树高14米，胸围152厘米，冠幅8米×8米，树龄200年。古榆虽生长地势较低，但树冠仍凌驾于宫门之上，侧枝伸展到水母宫院内，虽部分枝条枯死，但整体长势依然较盛，“水母榆”因水母宫得名。

水母宫位于市区西北3.5公里的卧云山脚下。据民间传说，当年水母娘娘欲往北海，途经卧云山，突感唇干口燥，口渴难忍。寻水不到，便口念咒语，手指点地，顿时山石隙裂，清凉的泉水迸涌而出。水母娘娘念及塞外缺水，便将此泉留给人间。后来皮毛商人发现此泉洗出的毛皮质地甚佳，为感谢水母娘娘，众皮商集资，建水母宫于泉水边。

京西第一山坡孤榆　（三级保护）

古白榆位于尚义县甲石河乡瓦桶沟村水泉梁顶。树高12米，胸围130厘米，冠幅9米×11米，树龄110年。古榆从3米高处分为四杈，枝条曲折伸展，姿态优美，树冠呈不规则开心形。由于整个山梁只有这一棵树，突兀独立，人们为其取名“一棵树”和“京西第一山坡孤榆”。

传说，每到晚上这里总会听到吹拉弹打的声音，但始终无人能说清究竟是什么声音，所以都觉得这棵树很神奇。后来人们在树旁修建凉亭，为前去参观的人提供了休息乘凉的场所。

瓦桶沟地处山地，该村建于清顺治年间，因村庄位于形似水桶的沟旁，并烧过瓦，故名。

古垂榆位于下花园区定方水乡梁家庄村一农户院内。树高8米，胸围214厘米，冠幅10米×10米，树龄500年。

此树主干基部弯曲且密布凸起，主枝扭曲回还，小枝如瀑布下垂，分搭成数个小凉棚，小凉棚又连成一个大凉棚，长势非常旺盛。当地百姓称之为“神树”，因而爱护有加。

京西第一垂榆 （特级保护）

陀山第一榆 （特级保护）

古黑榆位于大海陀国家级自然保护区黑龙庙。树高15米，胸围430厘米，冠幅12米×15米，树龄600年。古榆基部粗大，分枝位置较低，三主枝下部粗壮，上部抱拢，犹如三株古树鼎足而生。侧枝细长，旁逸斜出，飘逸伸展，整个树型基本呈圆形。

黑榆，落叶乔木。喜光，耐干旱，常生于向阳山坡、谷地或路旁。树皮暗灰色，不规则沟裂，当年生枝褐色，疏生柔毛。多分布于东北、华北地区及陕西、河南等省，张家口市少见。

京西第一怪猿榆 （特级保护）

古黑榆位于赤城县云州乡观门口村金阁山林区清虚洞前。树高12米，胸围181厘米，冠幅6米×7米，树龄600年。

此树为天然所生，长势奇特。树体基部如大象行走之势，上面两个主枝恰似猿猴两只伸展的长臂，树杈干瘤酷似猴头，面部表情惟妙惟肖，但又吐出象牙，老百姓俗称“怪猿榆”。此树天然如此，堪称奇绝，成为林区一景，来观赏摄影者络绎不绝。

中国第一卧麟脱皮榆 （特级保护）

古脱皮榆位于赤城县大海陀国家级自然保护区龙潭沟。树高7米，胸围335厘米，冠幅4米×5米，树龄500年。树干上下均已中空，基部孔洞可容一人。主枝均已折断，只余树桩，其上萌生细小枝条。树皮粗糙且密布斑点和圆形凸起，整个树形酷似麒麟昂首蹲卧，又似一个树状盆景，尤为珍奇。

脱皮榆，又名金丝暴榆，乔木，树皮灰色，裂成不规则片状脱落，露出淡黄绿色内皮，在张家口市分布较少。喜光耐寒，生命力强，生长缓慢。

京西第一孤石旱榆　（一级保护）

古旱榆位于宣化县深井镇洪水沟村西。树高6米，胸围168厘米，冠幅4米×9米，树龄300年。古榆天然生长于孤石西侧，原有四个主枝，向东的树枝爬于孤石上，人称爬石树，现东西两枝自然枯死。树冠分枝平行伸展，枝叶细密，如云似雾。其侧孤石，高2米有余，呈三角形，周围地势平缓，唯一石飞来，独石孤榆形影相伴，构成了一幅独特风景。

旱榆，又名灰榆，乔木或灌木状，分布于华北、西北等地，喜光，耐干旱，耐寒冷，生向阳山坡、草原、沟谷等地，为农田防护林和荒山造林树种。

京西第一刺榆（特级保护）

古刺榆位于赤城县东万口乡东万口村。树高19米，胸围280厘米，冠幅16米×16米，树龄400年。据传，明永乐年间，山西移民此地时为纪念老家门前榆树所植，以后子孙繁衍，树亦成材。

刺榆，又名枢树，乔木或灌木状，有长而粗壮的枝刺。分布于东北、华北、西北、华中和华东，张家口市赤城县多见。喜光，深根，耐寒，抗旱，长生于海拔1000米以下山地和路旁。种子或插条繁殖，亦可作绿篱树种。

东万口古称“万贯口”（取万贯金银之意），后称“东万口”。

粗壮质朴的古杨

天下第一轩辕杨 （特级保护）

古杨位于涿鹿县矾山镇三堡村矾野公路北侧，黄帝泉西400米。树高33米，胸围630厘米，冠幅25米×27米，根龄4700多年。此树传为黄帝亲手所植，九死九生，现在看到的是第九次生出的新树。寓意黄帝英灵常在，浩气长存，子孙繁衍，长盛不衰。人们为了纪念黄帝功德又称此树为“轩辕杨”。

黄帝泉古称之为“坂泉”，即为黄帝饮水之处，距黄帝城0.5公里。泉水源于地下1700~5000米深水层，日流量约4600~4800吨，常年水温保持在12.3~13.4℃之间。水质甘甜滋润、沁人心脾，是天然优质矿泉水。古时此泉亦为黄帝派人观察月球以定历法之处。

此树被载入《河北省志·林业志》和《河北古树志》。

河北第一粗杨（特级保护）

古杨位于崇礼县高家营镇喇北营村喇嘛庙。树高27米，胸围760厘米，冠幅16米×14米，树龄800年。古杨树体粗壮高大，胸围居河北之冠，像一位巨人高高矗立。

喇北营，元朝初年始有此村，初系东北陶赖州蒙人所建。清嘉庆末年，该村先后建三座古庙，龙王庙、老爷庙和喇嘛庙，其中喇嘛庙最为出名，为蒙古镶黄旗喇来公主而建。当时，此地水草茂盛，但树木稀少，因有此杨树而选此地建喇嘛庙。公主死后亦葬于此。

河北第二粗杨 （特级保护）

古杨位于阳原县三马坊乡三马坊村水池边。树高25米，胸围710厘米，冠幅24米×24米，树龄1000年。古杨树体高大粗壮，两大主枝呈V字型，树冠庞大，浓荫覆地，气势恢宏，异常壮观。因胸围位居第二，故名。

相传，后汉时，三马坊东有个李家堡，是后汉高祖刘知远夫人李三娘居住的地方，堡外有一眼“八角琉璃井”。李三娘丈夫西征，三娘思夫情切，便每日对井暗自垂泪，天长日久，泉水水量猛增，成为今天取之不尽用之不竭的泉眼。

据县志记载：明宣化巡抚李养冲路经于此，听了李三娘的传说，深感同情，便题“李三娘·八角琉璃井”一诗，刻碑立于泰山庙内。现泉水从一空腹张嘴石狮口中流出，如碗口粗，泉水清澈，当地在泉水旁建蓄水池一座。因有清泉池水、古树浓荫，这里成为村民取水、休息、娱乐的场所。古杨也被村民视为“风水树”进行保护。

此树被载入《河北省志·林业志》和《河北古树志》。

京西第二寿星杨 （特级保护）

古杨位于桥西区东窑子镇南天门村。树高15米，胸围520厘米，冠幅12米×8.4米，树龄1000年，位居张家口市第二。此树东侧分枝枯死，主枝和西侧枝萌发新的枝叶，有返老还童之感。

南天门在一座山上，为天然形成，实际是一座东西走向的露天石洞，被当地群众称之为门。据当地老人讲，南天门何时形成无人知晓。传说天上神仙下凡要走南天门，有人说南天门南侧有一仙人洞，可直通朝阳洞和赐儿山上的风洞。还说南天门是活门，每到阴天下雨门就自动打开，雨后门就自动关闭。

南天门是张家口市区一处著名文物古迹，也是颇具名气的旅游景点。可惜于"文化大革命"时被炸毁，而今只能看到被毁过的痕迹。

京西第一将军杨　（一级保护）

两株古杨位于怀来县桑园镇长梁寨村。树高分别为22米、21米，胸围分别为555厘米、590厘米，冠幅分别为18米×16米、15米×16米，树龄均为600年。

据县地名汇编载，该村寨建于明朝永乐十四年（1416年），山西洪洞县迁来移民，定居于歪头山脚下，北靠一座较长的山梁，故名长梁寨。当时共有蒋、王、刘、于姓四家。为安居乐业，在村四周建立了堡垒墙，该两株古杨为当时堡门旁所栽。

两株古杨古朴粗壮，如两位将军威严矗立，把守着城堡。树干磊柯多节，干皮怪异，有的干瘤形态酷似老人面孔，记载了历史的沧桑。

此古杨被载入《河北省志·林业志》和《河北古树志》。

京西第一神杨 （一级保护）

古杨位于怀安县第六屯乡第九屯村。树高23米，胸围570厘米，冠幅20米×20米，树龄600年。古杨树体高大，枝叶茂密，毫无老态。在当地因古老稀奇而得名“京西第一神杨”。

京西第一乌鸦杨

（一级保护）

古杨位于高新区老鸦庄镇老鸦庄村南。栽于明朝时期，树龄600年以上。原有7棵，现仅存其一。树高32米，胸围565厘米，冠幅13米×14米。由于年代久远，沙土覆盖，主干埋于地下1.5米。

相传在明末时期，7棵杨树长得郁郁葱葱，树上搭满了乌鸦窝，成千上万只乌鸦在此栖居，“老鸦庄”因此得名。

古杨主干分生两枝，竞相延伸，形似一鹰之两翼。老枝枯竭，新枝初发，一年四季以其高大魁梧的身躯守卫着农家的幸福安康。

京西第一三羊开泰杨 （一级保护）

古杨位于阳原县浮图讲乡开阳堡村。树高23米，胸围520厘米，冠幅7米×8米，树龄600年。“京西第一三羊开泰杨”为“阳”原、开“阳”、“杨”树，取其谐音三“羊”得名。

据《察哈尔通志》记载，阳原县浮图讲乡开阳堡旧堡为战国时期建立，当时赵国国王武灵王奉其长子章建立开阳邑，并驻守开阳邑。现存的城堡是唐朝在旧址上重新建立的，距今有1000多年历史。现在古杨的南面，仍可看到黄土夯成的堡墙，保存较为完整，为阳原县最古之迹。

万全第一杨 （一级保护）

古杨位于万全县膳房堡乡连针沟村。树高21米，胸围525厘米，冠幅25米×25米，树龄500年。主干粗壮，众多主枝在同一位置向各个方向均匀外张分开，形成巨大的圆形树冠，参天蔽日，气势宏伟。

据载，连针沟建村于明嘉靖十二年（1533年）。因村周围山沟长有很多连针，故因植物取名“连针沟”。

蔚州第一杨　（一级保护）

古杨位于蔚县小五台国家级自然保护区湖上沟林区。树高20米，胸围450厘米，冠幅13米×15米，树龄500年。古杨基部粗大，主枝向两侧开张，因其长在茂密森林中，树体下部光秃，分枝直立向上，竞相拔高。因其干径粗大，位居蔚县第一，故名“蔚州第一杨”。

京西第一七旗杨 （一级保护）

古杨位于涿鹿县矾山镇下七旗村东。树高22米，胸围471厘米，冠幅17米×16米，树龄400年。古杨树体高大，一边已枯死，另一边倾斜生长，树干萌生许多新枝，长势依然茂盛。

相传，下七旗村是黄帝驻兵之地，亦为七路兵马，分各色七种军旗，“七旗杨”因村名而得。

古杨位于宣化县江家屯乡申家屯村。树高24米，胸围390厘米，冠幅15米×16米，树龄300年。古杨主头枯死，侧生新头，新枝萌生，仍然枝繁叶茂。

相传，几百年前，这里原生长着7株大杨树，形成一个天然的大凉棚，常有很多过路行人在此乘凉避雨，树上也有很多鸟筑巢繁育。1940年，日寇在沙岭子建碉堡时砍伐5棵，死一棵，幸存的为较小的一株，成为日寇罪行的历史见证。

申家屯村位于江家屯乡政府东南偏南2公里处。明永乐年间建村，王、马、弓、张四姓人自山西迁此建村。村民住房成四个方块形，自然形成十字形街道，南北主街较长，恰似“申”字，故名。

河北第一见证杨　（一级保护）

京西第一古杨群

（一级保护）

古山杨群地处涿鹿县南山区，共有5万多株。树龄多在300年以上，胸围多在4～7米之间，树高多在30～50米之间。树形干姿百态，树干直插云天，树冠郁郁葱葱。沟壑两侧，山杨蔽日，身临其境，顿生回归自然、融入生态之感。凡到此处之人，无不心旷神怡，忧愁尽消，好一处人间仙境。

南山第一杨　（一级保护）

古山杨位于涿鹿县南山区兑九沟村路边。树高12米，胸围500厘米，冠幅8米×9米，树龄400年。树干下部粗壮，基部中空，可容一人，内有火烧痕迹。因年代久远，主枝已枯断，断枝与剩下的主干恰如一个龙头，昂首张口，遥望着对面的山坡。

兑九沟村建于明代，大都为外地来此居住的佃户，姓氏很杂，以开垦荒山坡地、养殖牲畜为生。村西沟内有一石臼（舂米面用的石器），故以此为名"兑臼沟"，后习惯写为兑九沟。

老态龙钟的古柳

河北第一寿星柳 （特级保护）

古旱柳位于蔚县柏树乡山门庄村。树高8米，胸围670厘米，冠幅10米×8米，树龄1200年。古柳历经千年风雨，树干中空，腰部断裂，树皮斑驳，但不衰竭，顶端新枝竞发，生命力依然旺盛。其中一个枝杈酷似一头长颈鹿抬头张望，仿佛在欢迎前来观赏的游人。

山门庄村坐落在河北第一高峰——小五台山西侧山脚下。据《王氏家谱》载，明成化十六年（1480年），王成携家眷由山西洪洞县迁来立村，因村址靠近山门户——“天门”之故，取名“山门庄”。这棵古柳是在唐代建真武庙时所栽，其1200多年的树龄堪称“河北第一寿星柳”。

河北第二粗柳 （特级保护）

古旱柳位于赤城县茨营子乡碾子湾村。树高21米，胸围680厘米，位居河北第二，冠幅18米×19米，树龄1000年。古柳树干粗壮，干瘤堆积，在同一高度分生三大主枝。虽经千年，但长势旺盛，浓荫覆地。

传说元朝时，始居者以槽碾磨粮，且地处山梁处，得名“碾子湾村”。

河北第一柳　（特级保护）

两株古旱柳位于张北县油篓沟乡大尖山，东西排列，相距5米。东侧的树高12米，胸围730厘米，冠幅20米×10米，堪称“河北第一柳”；西侧的树高10米，胸围430厘米，冠幅10米×10米，树龄均为1000年。

两株古柳主干如麻花状螺旋扭曲生长，且都向南侧倾斜，有倒伏之像，但庞大坚实的根部又将其牢牢固定。部分主枝虽已枯死，枝叶也不够繁茂，但并无衰老迹象，枝干好似群藤盘绕，异常古朴苍劲。此柳生长于海拔1500米的坝上，实属罕见。

中国第一卧龙柳

（特级保护）

古旱柳位于万全县北新屯乡永安堡村南。树高13米，胸围680厘米，冠幅16米×18米，树龄1000年。

古柳主头已枯，南生新的侧头，树冠偏东，北边的主枝伏地而生，形似卧龙，因此得名“中国第一卧龙柳”。古柳向下分枝虽干枯触地，但枝梢仍傲然向上，南侧主枝，偏斜伸展，枝叶浓密。树干粗大中空，可容六人同时站立。

永安堡村地处山梁嘴上。明末（1644年），民族英雄侯富江之妹侯英，在此与兄弟共同抵御外敌入侵，立下功劳。因侯英生前爱弹琵琶，取名“琵琶嘴”。清乾隆年间（1736~1795年）因该村屡遭洪水侵袭，为保平安，改名“永安堡”。

京西第一经堂柳 （特级保护）

古旱柳位于怀来县西八里镇经堂房村小学院内。树高11米，胸围665厘米，冠幅9米×12米，树龄800年。

古柳基部原生三大主枝，两主枝因起火烧毁，现仅存一南侧主枝。主干中空，南侧主枝基部也仅余一半，树冠偏南倾斜生长。古柳虽遇火烧，且基部受损，但并未影响生长，新枝连年萌发，长势不衰。

清朝末年，大黄庄（当时称黄庄）姓张的地主在此雇工种地，摆过经堂，后人在此建村称“经堂房”，树名也因此而得。

此树被载入《河北省志·林业志》和《河北古树志》。

中国第一狮子柳　（特级保护）

古旱柳位于蔚县暖泉镇沙子坡村魁星楼西南50米处。树高17米，胸围630厘米，冠幅15米×15米，树龄800年。古柳基部干瘤隆起，互相挤压，且布满条纹，酷似一头蹲卧着的狮子，惟妙惟肖。

“暖泉”位于蔚县城西十里，泉源于村中心一石瓮池内，池为边长26米的正方形。池内东西两角各砌一石洞，村人称为“龙口”。泉水经东西龙口相向而出，环村缓流。清道光十三年（1833年）开挖暖泉凉亭渠总长2公里，灌田1000亩。池南为凉亭书院，为元代工部尚书王敏所建，书院东北角有一座魁星楼，三层重檐四角攒尖顶，雕梁画柱，内塑“魁星点斗”。书院主体建筑是一座约80平方米的凉亭，泉水从地下穿过，亭前有一过流井，成八字角，俗称八角井。凉亭檐柱上有一幅对联：“五六月中无暑气，二三更里有书声。”“水过凉亭八角井”是蔚县“八大胜景”之一。

京西第一寺院明柳　（一级保护）

古旱柳位于张家口市桥西区云泉寺，栽于1395年。树高10米，从地表分两大主枝，胸围分别为260厘米、150厘米，冠幅10米×14米，树龄610年，被称为明柳。

古柳基部丛生，两大主枝倾斜生长，老枝虽已干枯，但萌生新枝仍枝繁叶茂。为防侧枝倒伏，现已用铁杆支架，并在树干基部修建平台，精心保护。

云泉寺旧称云泉山。位于市区西部，海拔1005米。因山上云泉寺内供奉子孙娘娘神像，历史上每年农历四月初八庙会之际，民间不育之妇，纷纷登山祈祷，以求“赐儿”，故名“赐儿山”。赐儿山高峻挺拔，气势磅礴。山上绿树成荫，景色宜人。云泉寺建于明洪武二十六年（1393年），依山就势，散布在东山坡上。寺内殿堂以正殿为中心，随山势而建，逐层升高，错落有致，使秀丽的峰峦山色更加富有诗情画意。众多房舍之间，有羊肠小道逶迤相连，形成统一的建筑群体。山上有“万松亭”、“矗云亭”及烽火台遗址。

阳原第一柳 （一级保护）

古旱柳位于阳原县辛堡乡辛堡村。树高23米，胸围516厘米，冠幅24米×23米，树龄600年，居阳原之首，故名。古柳主干粗壮，从高4.5米处托起庞大的树冠，枝繁叶茂，极具壮观。柳为速生树种，常被认为短寿，易枯朽，如此古柳，却仍充满生机，甚为罕见。

相传，此处原有关帝庙，建于明代，古柳建庙初所栽，为关帝爷拴马所用。清朝初期，由村民集资重修该庙，后在解放初将此庙改为学校，庙房作为教室和办公用房。70年代，学校进行了重修，如今又再次扩建为希望小学。

京西第一太平柳

（一级保护）

古旱柳位于怀安县太平庄乡三十里店村。树高15米，胸围600厘米，冠幅20米 ×20米，树龄500年。树干基部中空，只留树皮部分支撑树体。分枝呈开心形平斜生长，其上萌发新枝，直立向上。树名因“太平庄”而得。

据传，此古柳在除夕夜里有时发光，远看如树上挂有灯笼。因位于村北口，百姓称之为“把门树”，也称作“风水树”。

京西第一观音柳　（一级保护）

古旱柳位于蔚县暖泉镇中小堡村观音殿西。树高25米，胸围440厘米，冠幅20米×18米，树龄500年。树冠分为三层，但层次不很明显，大枝已枯，又生新枝，总体长势茂盛。

中小堡村建于明代，堡门口有一观音庙，年代不详。庙内主要建筑坐东朝西，面三进二。此观音殿过去为村里的一座小庙，现庙房仍存，由农户居住。古柳因观音庙而得名。

京西第一关帝柳

（一级保护）

怀安县柴沟堡镇关帝庙村小学西有两株古旱柳。树高均为22米，胸围分别为510厘米、400厘米，冠幅分别为20米×10米、10米×11米，树龄均为400年以上。两株古柳紧靠路边，相邻而生，树干粗壮，树体高大。

此处的关帝庙于清道光二十八年（1848年）由进士王浮龙、痒生王进文等首倡。始建于村堡正北，后坍塌毁坏，民国十年，村民捐资重建。重建后的关帝庙分前后两院，五脊六兽，飞檐高挑，门棂彩绘，楔刻雕花。寺院青砖铺地，翠柏森森，气势宏大，巍峨壮观。殿内塑关帝全身坐像，蚕眉美髯，绿袍纶巾，不怒而威。东西山墙上绘有“桃园结义”、“三战吕布”、“夜读春秋”、“刮骨疗毒”、“五关斩将”、“水淹七军”等，画工精细，形象逼真。后经战火，人去庙空，逐渐衰落，唯余遗址尤存。

关帝庙村原本是一个鲜为人知的山野小寨，因王氏一门出三进士，村随人显，村庙齐名。百姓们认为此地托神灵庇佑，人杰地灵，因此对关帝供奉十分虔诚。因二株古柳生于关帝庙村，故称“京西第一关帝柳”。

京西第一双雄柳 （一级保护）

两株古旱柳位于万全县高庙堡乡黑石堰村养鱼池旁。树高分别为15米、13米，胸围分别为400厘米、490厘米，冠幅分别为20米×18米、20米×20米，树龄400年。

两株古柳树干粗壮，树冠茂密，犹如两个巨大的凉棚，铺天盖地，双雄竞势，气势宏伟，故名“双雄柳”。其中一株侧枝下垂，一直伸到水池内，似低头饮水。

据载，明成化六年（1470年），梁、靳两结拜兄弟在此黑石堰旁定居，取村名“黑石堰”。后人植此树纪念梁、靳两位先祖。

京西第一狮头柳 （一级保护）

两株古旱柳位于涿鹿县矾山镇下七旗村。树高分别为18米、16米，胸围分别为485厘米、433厘米，冠幅分别为13米×14米、13米×12米，树龄均为400年。院内的一株主头已枯死，萌生新枝细小，唯见主干擎天。院外的一株长势较盛，树冠高大，柳枝下垂，触手可及。特别值得一提的是，该树基部干瘤隆起，互相堆积挤压，如雄狮鬣毛盘曲，酷似一个狮子头。

宣府第一柳（一级保护）

两株古旱柳位于宣化县顾家营镇顾家营村。树高分别为12米、11米，胸围分别为628厘米、484厘米，冠幅分别为9米×7米、10米×10米，树龄均为300年。其中较粗的一株由于失火，主干大半被烧毁，主头无存，只余半部残缺的树皮支撑树体，加之主枝尽数锯断，更显苍凉悲怆。现树下修水泥池加以保护，远观恰似一座巨大的镂空雕刻的盆景。较细的一株，主干弓形匍匐，树冠偏斜，侧枝下垂触地。因此处原为水渠，故生长较旺。

顾家营村位于顾家营镇中部，明代为兵营，后成村落。因顾姓最早定居，故名。

崇礼第一柳 （一级保护）

古旱柳位于崇礼县四台嘴乡马丈子村。树高19米，胸围450厘米，冠幅8米×10米，树龄300年。古柳主干粗直，在8米高处分为三杈，分枝抱拢向上，形成圆形树冠。因其胸围位居崇礼县之首，故命名“崇礼第一柳”。

马丈子村位于崇礼县东部，地处二郎城沟与水泉子沟衔接处。元朝年间始有此村。初为蒙古人放牧圈马的地方，故名“马栅子”，后俗称“马丈子”。

京西第一千枝柳 （一级保护）

古旱柳位于怀来县西八里镇闫家房村。树高15米，胸围360厘米，冠幅19米×15米，树龄300年。古柳主枝大部干枯，如龙爪向天，因新枝丛生，又生机盎然，树上有多处喜鹊窝。

闫家房村地处河川。清朝末年，外地人来此开荒种地，因姓闫、牛的户较多，故称“闫家街”，或“牛家庙”。因地处洋河滩，土质多为沙壤故称为“沙窝村”，1937年更名“闫家房”。

京西第一通天柳

（二级保护）

古旱柳位于赤城县赤城镇南大村城建局门前。树高22米，胸围355厘米，冠幅15米×14米，树龄250年。因树体高大而得名。古柳枝梢虽部分干枯，但新生枝叶茂密，婆娑摇曳，婀娜多姿。

南大村因地处县城东南而得名，今部分居民新房移建城南，称“南大新村”。

京西第一迎宾柳　（二级保护）

古旱柳位于张家口市南站邮政局院内。树高15米，胸围314厘米，冠幅12米×13米，树龄200年。张家口市旱柳分布广泛，但数百年以上的旱柳在市区少见。古柳干枝均曲折生长，基部粗大，抽生枝条细长。由于树干较矮，树冠圆满，夏季酷似一座丰实的蘑菇蓬；春季新枝初发，又像是头戴凤冠的贵妇人张开双臂欢迎宾客的到来。

南山第一柳 （三级保护）

古旱柳位于涿鹿县南山区马水村。树高24米，胸围380厘米，冠幅15米×17米，树龄150年。古柳处在山坡边角，周围用石块砌垒，古树成为防止滑坡的中流砥柱。

此处为观音庙旧址，建于明代中期，重建于清代，古树为修庙时所植。庙宇曾香火旺盛，特别是重修后，车水马龙，香客络绎不绝。后因战火日渐衰落，风摧雨蚀，年久失修，昔日辉煌一时的庙宇，如今荡然无存，只有断裂的石碑横卧树边，与磨盘、古柳形影相伴。

马水村战国时曾是燕国重要关口，燕军驻守上千人。燕被秦灭后，属秦国管辖，从汉至明清，均驻有官兵，曾有三品总兵、三品参将、四品都司马驻守。

南山第一拳头柳

（三级保护）

古旱柳位于涿鹿县南山区鱼水村。树高8米，胸围298厘米，冠幅5米×5米，树龄100年。主干上部增生膨大，其上萌生众多新枝，直立生长，犹如一把巨大的刷子。

这种柳树，当地人称“椽柳”，其枝条是编织箩筐等农用器具的良好材料，长粗后砍下可做椽子建房所用。村民为取其枝条，幼树时便截干，使其萌发出大量枝条，用时砍下，日积月累，主干顶端的干瘤凸起，恰似巨人紧握的拳头。在涿鹿南山区零星分布的椽柳还有很多，此株为树龄最长、干径最粗的一株，故称“南山第一拳头柳”。

京西第一乌柳林

（二级保护）

万全县膳房堡乡大柳沟村的生态旅游区内，有一片古乌柳林，共计70多株，树龄均为200年。其中最大的一株高12米，胸围123厘米，冠幅10米×10米，堪称“京西第一乌柳林”。株株古柳枝叶浓密繁茂，冠型圆满，枝条接地，形如馒头。其中一株树干从其他树冠夹缝间穿出，树冠凌驾其上。

乌柳俗称沙柳，小乔木，一般高为6米，此沟内的乌柳林高达10米，历经200年，长势繁茂，实属罕见。

斑驳苍凸的古核桃

天下第一核桃王古树群 （特级保护）

古核桃群位于涿鹿县南山区上疃村西的核桃园。300年以上的核桃树有100多棵，千年以上的有20棵，这些“千年核桃王”，干瘤凸起，树干中空，造型各异，尽显老态。夏秋时节，枝繁叶茂，果实累累，堪称“天下第一核桃王古树群”。这里仅选四株，以展其貌。

据载：上疃村原名中疃，元初被洪水冲毁，部分居民迁至该村之北重建新村，取名“上疃”至今。

树高15米，胸围440厘米，冠幅20米×20米

树高8米，胸围480厘米，冠幅10米×10米

树高15米，胸围510厘米，
冠幅25米×25米

树高8米，胸围500厘米，
冠幅20米×20米

中国第一古核桃乡 （一级保护）

古核桃群位于涿鹿县南山区蟒石口乡。其中较大的一株位于北峪村东路口，树高18米，基围480厘米，冠幅17米×17米，树龄300年。此树从地面分为两杈，胸围分别为458、220厘米，每杈在1.5米处又分为两杈，形成开心形的巨大树冠。

该乡零星分布的百年以上古核桃树有2300多株，其中树龄100~200年的2000多株，树龄200~300年的300多株，堪称中国第一古核桃乡。

北峪村唐代建村，坐落在山谷之内，山谷为峪，因靠河漕之北建村，故为“北峪”。

中国第一古核桃村 （一级保护）

古核桃村圣佛堂位于涿鹿县南山区，共有150多户人家。80年代初，每户平均分到2株300年以上的核桃树，全村共300多株，其中500年以上的有三株，在中国堪称第一古核桃村。

三株古核桃，树高分别为25米、25米、20米，胸围分别为350厘米、471厘米、400厘米，冠幅分别为15米×16米、14米×17米、14米×16米，树龄均为500年以上。三株古核桃株株分枝众多，树冠庞大，长势旺盛，恰似壮年，株均年产核桃1000多公斤。

圣佛堂村因圣佛堂而得名，圣佛堂地处村西山悬崖峭壁，为佛事所用，在路旁即可看到。

京西第一寿星核桃树 （特级保护）

古核桃位于涿鹿县南山区赵家蓬村。树高20米，胸围400厘米，冠幅17米×20米，树龄1100年。此核桃树长势开张，主干粗壮，在1.8米处分杈，像一只擎天巨手。因年代久远，树干上滋生出许多干瘤，更显老态龙钟。

相传，明洪武年间燕王扫北时，当地人不是被杀，就是被赶跑。从山西移民至此时树下就铺满了一层层干核桃，可见当时树势就已非常壮观。

华北第一蜗牛核桃树 （一级保护）

古核桃位于涿鹿县南山区李家堡村。树高7.5米，胸围235厘米，冠幅8.5米×11米，树龄600年。树干基部斜生，扭曲向上，在2米高处又成弓形低头下弯，新生两条分枝平斜向前伸展，形成偏斜的树冠。此核桃树形状独特，树身酷似蜗牛躬背，两个分枝又恰似两个触角，栩栩如生，惟妙惟肖，令人叫绝，当地村民称其为“蜗牛核桃树”。

华北第一长角怪物核桃 （一级保护）

古核桃位于涿鹿县南山区赵家蓬村。树高 17 米，胸围 220 厘米，冠幅 6 米 × 7 米，树龄 500 年以上。

此树损毁比较严重。原树从基部分为两杈，现一杈被砍，另一杈长高后主枝又枯死折断，只剩两分枝，犹如两个长长的犄角。如今树体基部已被烧空，但仍顽强生长，像一个站立的长角怪物。

此地山峙路险，绾毂南北，自古为军事要地，五代十国时契丹在此置有瞭望台，后台废。

京西第一兄弟核桃树 （一级保护）

古核桃群位于涿鹿县南山区赵家蓬村的田中，共14株。树高17～20米，胸围210～300厘米，最大的一株冠幅17米×25米，树龄均在300以上。14株古核桃树，交错栽植，株株高大古朴。

传说明末清初时，当地有一张姓人家，弟兄二人分家时，将地一分为二，老大上畦，老二下畦。老大为了有个明确的标志，便在自己的地埂边栽了一行核桃树。老二也不示弱，在地埂边也在栽了一行核桃树。这样，核桃树交错栽植一直到地头，约200米，排成一排。如今两兄弟早已作古，唯有这些核桃树依然竖立。现在每株年产核桃150多公斤，而且枝条柔韧，毫无衰老迹象。

南山第一鱼水三桃王 （一级保护）

三株古核桃位于涿鹿县南山区鱼水村。树高分别为16米、18米、23米，胸围分别为220厘米、336厘米、430厘米，冠幅分别为15米×15米、20米×19米、20米×20米，树龄都在300年以上，其中最大者500年以上。三株古核桃树株株古朴粗壮，枝如虬龙，尽显古风。因其处在鱼水村，又为三株，故名“鱼水三桃王”。

核桃为珍贵的果品，其种仁芳香味美，营养丰富，含有较多的蛋白质和脂肪，并富含微量元素，营养价值很高；核桃仁及仁间隔膜是常用的中药，有很高的医疗效用；核桃油为高级食用和工业用油；核桃壳可制活性炭；树皮果皮可提栲胶；木材为高级家具及工艺、军工用材。该村所产核桃，现主要作工艺品加工，经济效益显著。

河北野核桃王 （特级保护）

古野核桃位于涿鹿县南山区南将石村石场沟。树高15米，胸围200厘米，冠幅15米×16米，树龄300年。

此树虽然是野核桃，但树形、树貌、树皮颜色均与当地核桃基本相同，所不同的是核桃个大、皱纹较少而浅平。此树所结核桃品种名为“狮子头”，由于果壳材质好，常被作为手中玩耍的佳品，当地人称“耍核桃”。一般年产1000枚左右，最多达4000多枚，所产核桃通过雕刻加工，用于出口、装饰、“健手”。主要销往北京、天津、保定等地，每枚售价高达100元，市场非常走俏。河北独此一棵，非常珍贵，故名“河北野核桃王”。当地群众也曾用其繁殖，但品质悬殊。

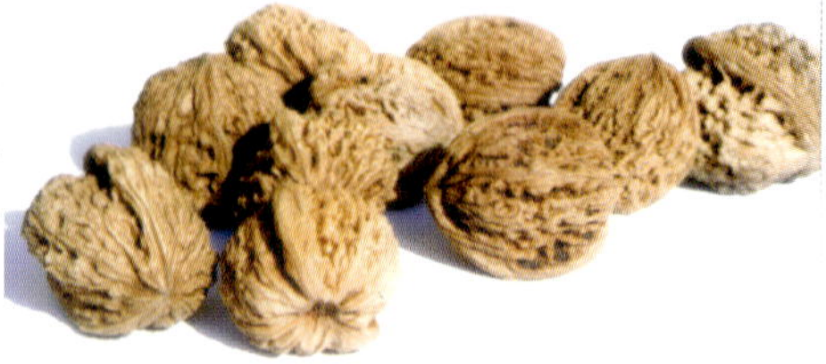

传说，唐代突厥派兵以石筑城。唐将督军鏖战月余，终于攻破石头城，唐将也因伤重卧石而卒。后称此石为将军石，元末在石南侧建村，故名“南将石”。

珍贵稀有的名木

京西第一山沟银杏 （一级保护）

两株古银杏位于涿鹿县南山区杨家坪天主教堂遗址。树高分别为14米、12米，胸围分别为116厘米、110厘米，冠幅分别为7米×8米、8米×8米，树龄120年。该处为传教士墓地。据推测两株银杏应为教堂建后所栽，均为雄株，单干直立，树皮光滑，枝叶繁茂，生长旺盛。

杨家坪教堂始建于1884年，竣工于1900年。1860年英法联军火烧圆明园后，外国人可以在内地游历、通商、传教。法国传教士在清政府地方官的“厚待保护”下，在杨家坪建造了北京西部规模宏大的教堂。据说当时这里的天主教在国际天主教享有盛誉，邮寄信件只需写“中国杨家坪”即可送达。古树见证了中国历史的百年沧桑。

京西第一活化石 （特级保护）

两株古银杏位于张家口市桥西区人民公园。树高分别为11米、12米，胸围分别为143厘米、190厘米，冠幅分别为9米×9米、15米×15米，树龄100年。两株银杏均为人工栽植，都从干高2.5米处分枝，长势茂盛。

银杏，又称白果、公孙树，是我国特有的树种，有3亿年历史，是著名的“活化石”植物。分布广，沈阳以南、广州以北都有栽培。生长缓慢，生命周期长。果、叶均有很高的药用价值。

两株古银杏为人民公园增添了生气，游人顿足观赏者络绎不绝。

中国第一龙爪文冠果 （特级保护）

古文冠果位于涿鹿县栾庄乡唐家洼旧村南新村北，属桑干河南岸黄土丘陵区，海拔560米，立地条件较差，土壤瘠薄干旱。此文冠果本为一株，由于雷电所击，从基部分为三丛，根部连在一起。树高16米，胸围分别为235、204、138厘米，冠幅14米×13米。枝似龙爪，冠如巨伞，年年开花结实，白花艳丽喜人。据专家推测，树龄约为1000年。当地群众对此树十分重视，保护良好。

唐家洼村为宋代中期（1127~1186年）建村。唐姓从湖广迁来建村，因此处地势低洼，故名“唐家洼”至今。

此树被载入《河北省志·林业志》和《河北古树志》。

华北第一雀屏文冠果 （特级保护）

古文冠果位于蔚县陈家洼乡南许家营村北。树高12米，胸围327厘米，冠幅12米×12米，树龄600年。此树一丛两株，在主干1.7米高处分枝，主干向西南方向倾斜，树冠侧枝四散张开，酷似孔雀开屏，树名由此而得。2002年，乡政府修建铁围栏加以保护。

南许家营村明初许姓立村，且曾屯兵，故名。树南方有戏台一座，树西南14米为南许家营老堡堡墙。

此树被载入《河北省志·林业志》和《河北古树志》。

京西第一庭院文冠果 （特级保护）

古文冠果位于怀安县怀安城镇至善街村木瓜巷薛立和院内。树高10米，胸围165厘米，冠幅8米×10米，树龄300年。该树在1.3米高处分生三大主枝，分枝呈龙爪形，花期冠呈白色，艳丽动人，但结实不多。该街道因树取名“木瓜巷”，村民和树主更将其当作稀有树木而备加爱护。

文冠果为北方特产，抗性极强，寿命长，种子可榨油食用、工业用、药用，叶可代茶，花为蜜源，亦可观赏。文冠果别名甚多，如“文官果”、“崖木瓜”、“文光果”、“温瓜”、“文灯果”、“文登果”等等。

此株文冠果位居河北第四，张家口市第三，被载入《河北省志·林业志》和《河北古树志》。

华北第一香

（特级保护）

古北京丁香位于宣化县深井镇洪水沟村西。树高13米，胸围255厘米，冠幅4米×7米，树龄1000年。树龄千年的古丁香非常罕见，堪称“华北第一香”。

此树为天然所生，冠型偏北，树冠南半部由于虫害而枯死，枝干上遍布孔洞。根部裸露，如龙爪紧紧抓住大地，又如木马骑在石头上。

北京丁香，木犀科丁香属，落叶小乔木或灌木，华北各地习见，为观赏树种，多见于北部山区。

此树被载入《河北省志·林业志》。

华北第二香　（特级保护）

古暴马丁香位于崇礼县四台嘴乡黄土窑村旅游路中间。树高10米，胸围180厘米，冠幅6米×5米，树龄500年，位居华北第二，故名“华北第二香”。此树树干微曲，树冠分为两层，顶部树冠较小，树干中部萌生许多新枝，形成下层树冠。春夏时节，繁花满树，幽香飘散，沁人心脾。因其处在路中间，风光独占，成为旅游线上的一道独特风景。在修长城旅游公路时，专门修水泥池加以保护。

暴马丁香，又名暴马子、荷花丁香。灌木或乔木，树皮粗糙，暗灰色。产河北坝下各山区，分布于东北、华北、西北东部。花白色，可提取芳香油，一般用于园林绿化树种，也是很好的蜜源植物。

暴马丁香能长成如此大树，极为少见。

陀山第一香 （一级保护）

古北京丁香位于赤城县雕鹗镇石头堡村陈家沟。树高11米，胸围190厘米，冠幅4米×5米，树龄300年。此树系天然所生，主干在1米高处分为大小相仿的两杈，树干上有众多啄木鸟洞。现为当地重点保护对象之一。

华北第一七仙香

（一级保护）

古暴马丁香位于蔚县宋家庄镇小寺沟村。原为7株，被人砍倒一株，现存6株。树高均为7米，胸围105～110米，总冠幅8米×4米，树龄均为300年。

此丁香系暴马丁香，当地人俗称“青杠子”，一般属灌木，能长成大树，且连根齐长，在华北实属罕见。7棵丁香相携生长，婷婷玉立，恰似7位仙女，春夏之交，白花簇簇，清香四溢，故称“华北第一七仙香”。

京西第一桃叶卫矛　（一级保护）

古桃叶卫矛位于张家口市桥西区人民公园。树高14米，胸围190厘米，冠幅15米×15米，树龄300年。因受西侧树木遮挡，树干从1.5米高处向东偏斜生长，导致整个树冠偏东，但长势未受影响，枝繁叶茂，浓荫蔽日。

桃叶卫矛又称明开夜合、白杜卫矛、丝棉木。喜光，具深根性。为优良的园林绿化树种，习见栽培，但古树罕见。

张家口市人民公园坐落于张家口市桥西区长青路，占地面积120余亩。公园前身为察哈尔省建设厅农村试验场苗圃。1933年将苗圃拓地扩建成公园，取名"太平公园"。解放后，党和政府逐年拨款修建，公园设施日臻完善，"太平公园"亦改名为"人民公园"。

华北第一直角卫矛 （一级保护）

古桃叶卫矛位于蔚县暖泉镇沙子坡村老君观院内。树高9米，胸围175厘米，冠幅9米×10米，树龄300年。此树每年十月落叶后，满树果实呈红色，远看似一团火，故村民称之为“十月红”。

此树有三个奇特之处：一是曾休眠长达10年没有发芽长叶，直至2003年才又萌发、开花、结实；二是新枝生长向各个方向弯曲，且每个弯都是直角，故称“直角卫矛”；三是每个枝都分为三杈，新萌发的枝又分三杈。

老君观始建于金代中期（1149~1201年），整个道观坐落在沙子坡村的土丘上，坐北朝南，主要建筑分布在一条中轴线上。前院正殿为三清殿，后院正殿为真武殿，东配殿为班师殿、文昌殿，西配殿为财神殿、元辰殿。殿堂古老典雅，做工精致，道教文化深远。此观由金代四太子金兀术所赐而建，历经元、明、清等朝代的历史变革和风雨沧桑，经后人修缮恢复原貌至今。

京西第一古朴 （特级保护）

古小叶朴位于怀来县小南辛堡乡辛庄村。树高6米，胸围144厘米，冠幅7米×5米，树龄500年。此树树形很有特色，树干从1米高处的同一位置，分为大小均等的四个主枝，树皮光洁，枝叶生于顶部，犹如人手四指，聚拢向上。

小叶朴俗称黑弹子树，因果实球形，紫黑色而得名。自东北南部以南习见。多野生于山地，很少栽培，故古树人文背景资料甚少。

华北第一漆树　（特级保护）

古漆树位于涿鹿县南山区南山村南马沟。树高8米，基围500厘米，冠幅3米×4米，树龄300年左右。古漆树生于石缝间，基部丛生，部分主枝被砍，但仍不失苍劲古韵。

南山村有两处漆树，马沟是较为集中且数量又多的一处，有大小漆树21株。据说此处原有几株更大的古漆树，但民国年间死亡。

漆树，又名山漆树，为落叶乔木，产于长城以南，张家口市主要分布在南部山区。喜光、喜温湿环境，不耐寒，寿命达百年以上。生漆是优良涂料，是重要的经济林树种。野生漆树含有强烈的漆酸，容易引起人们皮肤过敏反应，出现起疙瘩、搔痒、发烧、头晕等症状。

河北第一桦抱石　（一级保护）

古白桦位于赤城县大海陀国家级自然保护区九骨咀山。树高25米，基围1256厘米，冠幅7米×8米，树龄500年。古白桦生于石上，众多根系裸露并抱住石块，又从石块周围深入地下，似龙爪抓石不放，故名“桦抱石”。由于湿度大，基部长满苔藓，灰绿相间，石树难分。

白桦，又名桦树，乔木，产河北各山区，以北部山区最多。喜光，亦耐庇荫，为河北北部山区天然次生林的主要组成树种之一。木材纹理直、结构细，宜供农具、胶合板、纤维板用材。枝叶清秀，树皮洁白，也可作庭院观赏树种。

京西第一四君柽柳 （三级保护）

四株古柽柳位于张家口市五一广场，由东向西一字排开。从东到西树高分别为6米、5米、6米、5米，胸围分别为110厘米、80厘米、165厘米、58厘米，冠幅分别为4米×4米、3米×3米、5米×4米、3米×3米，树龄均为100年。四株柽柳株株树姿怪异，树叶细小，远观如云似雾。

柽柳又名三春柳，落叶灌木或小乔木。树皮红褐色，枝细长，多下垂。叶楔形或卵状披针形，先端尖。总状花序集合或圆锥花序，花小、粉红色，1年开花3次，从春至秋陆续开放。张家口市分布较少。

京西第一栎 （一级保护）

古蒙古栎位于赤城县雕鹗镇石头堡村陈家沟。树高25米，胸围110厘米，冠幅6米×6米，树龄200年。古栎为天然所生，树皮粗糙，树体高大，树势旺盛，树冠圆头形，有6个明显分枝。

蒙古栎，又名柞树、青杏子，落叶乔木，产于河北各山区，以燕山山脉和太行山脉北段分布较多。喜光，耐寒冷，是我国栎属中能分布到最北部的一种。一般生于海拔1200米以下山地，混生于杂木林或灌木丛中，生长较慢，木材坚硬耐用，为车辆、枕木、地板用材。在河北省胸围1米以上的栎树非常少见，故定为一级保护。

华北白蜡王 （特级保护）

古小叶白蜡位于涿鹿县南山区上辛庄村。树高10米，冠幅8米×8米，树龄500年。古树生于老虎台山头的石缝间，从基部分为五丛，胸围分别为188厘米、94厘米、94厘米、110厘米、110厘米。由于肥水条件差，生长异常缓慢，树干苍劲古朴，虬枝疏影横斜，虽形影独立，又一木成林，显示了与大自然抗争的顽强生命力。

小叶白腊，又名苦枥、秦皮，落叶小乔木或灌木，产于河北坝下以南山区，耐旱、耐瘠薄、不耐寒，常生长于土层较薄的陡坡，寿命较长，但如此高龄的古树仍很稀少。

河北第一元宝枫 （特级保护）

古元宝枫位于下花园区段家堡乡观音堂村观音堂庙房后。树高11米，胸围223厘米，冠幅12米×12米，树龄500年。古枫生长于石缝之间，从基部分为开张的两杈，盘曲向上，枝叶浓密，每到秋季，满院红叶，煞是壮观。堪称“河北第一元宝枫”。

据庙碑记载：明初此处山峦叠嶂，常有虎狼出没。段家堡有一名叫宋成光的戏班班主，路经观音堂村突遇一只猛虎，当时他跪地手持观音像祈求不被猛虎所害，许诺若能活着回去，定在此地建庙，用以报答。老虎果然走开，宋成光得以活命。为镇虎吓狼，消除骚扰，祈求平安，明洪武二十六年（1393年）宋成光等筹资建观音庵一座。从此风调雨顺，人们纷纷来此开荒定居，取村名“观音堂”。

多姿异彩的古树

中国第一怪桑 （特级保护）

怪桑位于涿鹿县南山区金石片村西口。树高11米，胸围620厘米，冠幅20米×19米，树龄2500年。

此树的奇特之处是：东半部的叶为卵圆形，所结的果实为红色，似鸡桑；西半部的叶为掌状五分裂的卵圆至宽卵形，果实为白色，似华桑，堪称古今罕见。

传说，刘秀曾路过此地，饥渴难耐，便以此树的桑果解渴充饥，并许诺曰："称帝后定封此树为'树中之王'。"但刘秀称帝后忘记此事，封了椿树为王。于是便有这样的说法："气得桑树破了肚，气得柏树跳了崖，气得柳树跳了河，气得松树冬夏不落叶，气得杨树哈哈笑。"

据村民介绍，1948年，八路军在打日本鬼子时，曾在此树洞内藏身。现被村民视为风水神树，备加爱护。

此树被载入《中国树木奇观》、《河北省志·林业志》和《河北古树志》。

京西第一卧龙桑　（一级保护）

古蒙桑位于涿鹿县南山区三里棚村南。树高8米，胸围150厘米，冠幅6米×9米，树龄300年。

此处为“五道庙”遗址，清代时被毁。古树为明末清初建庙后所栽。主干基部卧生，又仰身盘旋向上，如卧龙昂首盘尾，故名“卧龙桑”。

三里棚村在战国时曾有官兵在此居住，用木头、苇席搭成小屋，占地三里有余，有棚百余个，每个棚住14人，约1400余人。因搭棚三里，故后人称其为三里棚。

蒙桑，小乔木或灌木，河北多有分布。喜光，耐寒，聚花果，熟时红色或紫黑色，可食用和酿酒。

华北第一楸 （一级保护）

古楸子位于蔚县柏树乡柏树村。树高10米，胸围500厘米，冠幅15米×20米，树龄500年，位居华北第一，故名“华北第一楸”。古楸根部丛生四杈，树形开心，树冠分散，冠幅巨大，树姿舒展。春季，花满枝头，含露吐香，万蝶飞舞，景色迷人；秋季，果实累累，压弯枝头，每年结果达500多公斤。

楸子，又名海棠果，小乔木，张家口市坝下多有分布。喜光，耐寒，耐旱，耐水湿。生长快，寿命长。果质脆，味酸甜，可鲜食或加工成果脯、果冻、果酱等。

京西第一古杏园 （一级保护）

古杏园位于万全县旧堡乡柳沟村南的西山底，面积约40亩，共计500多株，树龄均为400年，其中最大一棵树高7米，胸围157厘米，冠幅13米×13米。

此杏树林堪称杏树之王，虽历经年代较长，但长势不衰，冠型饱满，枝繁叶茂，每株产量都在50公斤左右。

京西第一秋子梨 （特级保护）

古秋子梨位于涿鹿县南山区南山村北岔沟。树高11米，胸围182厘米，冠幅10米×8米，树龄300多年。此树分枝众多，树冠较大。生长最旺盛时株产400多公斤，现年产150多公斤。

秋子梨，又名野梨、酸梨，乔木，树冠高大，喜光，抗寒，寿命长。果可食和酿酒，实生苗是优良砧木。木材致密坚硬，供高级家具和雕刻等用，为华北著名硬杂木。

南山村地处山区，约明初时建村，因位于大独山之南而得名。

华北第一麻梨　（一级保护）

古麻梨位于涿鹿县南山区南坡根村，共有大小5株。其中最大的一株树高10米，胸围305厘米，冠幅15米×18米，树龄300年以上。主干粗壮，分枝开张，树冠圆满硕大。虽历经数百年，仍在盛果期，每至秋季，果实满枝，异常壮观。

麻梨，乔木，产于河北燕山山区，分布于西北、华中和南部各地。喜温暖湿润气候，耐干旱，寿命长。果可食和酿酒，多用作梨树砧木。木材细致坚硬，供雕刻使用。

华北第一九龙山梨

（一级保护）

古山梨位于蔚县宋家庄镇小寺沟村北山坡上。树高8米，主干高3米，胸围250厘米，冠幅18米×16米，树龄500年。

古山梨树状奇特，上部伸出九根侧枝，而且均弯曲旋转生长，恰似九龙腾飞，覆盖面积将近半亩，故称“华北第一九龙山梨”。

小寺沟村名因明洪武年间古寺而得，古寺现已不存。古山梨正处古寺遗址，绿荫蔽日，且距飞狐古道仅1.5公里，是游人休憩纳凉的好地方。

京西板栗王　（一级保护）

古板栗位于涿鹿县南山区鱼水村南。树高12米，冠幅12米×12米，树龄500年。此树从地面处分为两杈，胸围分别为267厘米、110厘米。较粗的一杈基部中空，另一杈从空洞处伸出。古板栗历经500年沧桑，仍年年开花结实，初夏时节，花簇满树，株产板栗150公斤左右，且果大甘甜。该村百姓视之为板栗神树，称之为板栗王。

京西第二栗　（一级保护）

古板栗位于涿鹿县南山区鱼水村南。树高10米，胸围375厘米，冠幅8米×10米，树龄400年。树干直立，一侧枝从主干基部空洞中斜伸而出，如大树怀抱其子。整个树型与“京西板栗王”相仿。

该村为唐代建村，距今约1200年。相传该村原有一个天然水池，池中有鱼，以自然景观取名，故为“鱼水村”，标志该村有鱼有水，生活条件充裕。

京西第一黑枣 （一级保护）

古黑枣位于涿鹿县南山区上疃村。树高4米，胸围140厘米，冠幅2.5米×2.5米，树龄500年。主干直立，上半部老断，只余树桩，树皮斑驳陆离，北侧萌生新枝，仍然每年结果。

黑枣，又名君迁子、软枣，落叶乔木，主要分布在太行山区，深根性喜光树种，抗干旱，耐瘠薄。果可生食，营养丰富，富含糖、蛋白质、维生素等，有养胃、健脾、补血之功效；花为蜜源，花期长，蜜质好；木质坚硬，可用于制作工艺品、高级家具雕刻等细木工用。

京西第一红枣 （一级保护）

古枣树位于涿鹿县招待所院内。树高13米，胸围152厘米，冠幅9米×5米，树龄360年。此树干皮堆垒，沧桑古韵尽现。因处县招待所，人流纷繁，观者众多，声名远扬。

涿鹿县招待所原为清朝旗人宅院，古枣树虽几易其主，但保护甚好。

此树被载入《河北省志·林业志》和《河北古树志》。

京西第二红枣（二级保护）

古枣树位于涿鹿县政府院内。树高11米，胸围95厘米，冠幅9米×7米，树龄200年。树体基部发生空洞，主干半侧树皮脱落，密布大小凸瘤。此树仅次于涿鹿县招待所红枣树，名列京西第二。

京西第一酸枣 （特级保护）

古酸枣位于赤城县东万口乡巴图营村汤子庙卫生院内。树高4米，胸围185厘米，冠幅5米×5米，树龄800年。

此树为灌木山枣，历经沧桑成为大树，堪称奇绝。原有两株，民间传说有上千年历史，为女娲娘娘云游到此，只见东山霞光万道，西山瑞气横生，山下热气腾腾，天上祥云朵朵，南望群山横障，为风水宝地，便捏泥人化作夫妻繁衍人类，百年后变成两棵枣树，后人吃了树上的枣便子孙满堂。现仅存一株。

此处为汤子庙温泉所在地，共有四个泉眼，对治疗风湿、哮喘、皮肤病等有奇效，来此洗浴就诊者络驿不绝，是有待开发的又一温泉疗养胜地。

古沙棘位于涿鹿县南山区杨家坪西灵山。树高4米，胸围79厘米，冠幅2米×2米，树龄200年。此沙棘为天然所生，树干九曲八拐，扶摇向上，下部枯枝歪斜扭曲，酷似蒙语字体符号。树冠小而分散，有鸟筑巢其上。

沙棘，当地又称酸醋溜，为多年生灌木，果实富含维生素，可食用或酿制饮料。一般长不粗，更长不高，此树能够长成盆口粗的大树，实属罕见，故定为特级保护。

西灵山属深山区，与京冀交界的东灵山遥相呼应，东灵山有佛爷坑，至今仍存有3个无头石佛，寺已废弃。

京西第一沙棘 （特级保护）

中国龙眼葡萄王 （特级保护）

古龙眼葡萄生长在桑干河畔涿鹿县温泉屯乡外虎沟村。藤长２０多米，胸围60厘米，有300多年树龄，被中国葡萄协会命名为“葡萄王”。此葡萄虽历经沧桑数百年，但依然枝繁叶茂，硕果累累，如一条蜿蜒巨龙，气势壮观。

“葡萄王”右侧还生长着一棵藤长１９米，胸围 57 厘米的葡萄树，被称为“葡萄王后”。此地百年以上古龙眼葡萄共有 480 余株。

龙眼葡萄，又名秋紫、紫他独，盛产于怀来、涿鹿两县的官厅湖畔和桑干河流域。它形似龙眼，红似玛瑙，以粒大、穗齐、味美、耐储运而著称，也是制汁、酿酒的优质原料。因是宫廷御品和国宴佳品而闻名遐尔，也因远销大江南北、出口东南亚而驰名中外。1958 年，郭沫若先生来张家口，题词誉龙眼葡萄为“北国明珠”。

“葡萄王”和“葡萄王后”被载入《河北省志・林业志》和《河北古树志》。

中国牛奶葡萄王　（特级保护）

宣化区有根龄300年的牛奶葡萄1000亩，6200多架，主要分布在春光乡盆窑村。其中根龄最长的一株为400年，藤龄60年。此株葡萄基部丛生，漏斗形架，藤幅2.6米×3.2米，犹如平地撑起的一把巨伞，株产葡萄1250公斤左右，被誉为“中国牛奶葡萄王”。

宣化自古以盛产葡萄而远近驰名，故得“葡萄城”之美誉。经考证，宣化葡萄最早引进栽培时间应为唐代僖宗年间（874～890年）。辽金时期，宣化葡萄初具规模，元代开始向外拓展，明清以后成名于世。清光绪二十六年（1900年）八国联军直逼京、津，慈禧太后和光绪皇帝从北京出逃，于当年农历七月二十七日抵达宣化，下榻在上谷公所。慈禧和光绪品尝白牛奶葡萄后，赞曰：“此乃果中佳品，朝廷必备……”。此后宣化葡萄纳入朝廷贡品。1909年清政府远送宣化白牛奶葡萄参加巴拿马举办的“巴拿马万国博览会”，获“荣誉产品奖”，从此宣化牛奶葡萄名声大振。

目前宣化葡萄栽培品种已有40余种，其中最具特色、名誉中外的为白牛奶葡萄。该品种粒大，呈椭圆形，酷似奶牛乳头，最大穗重可达2公斤以上。其皮薄肉厚，味甘醇美，可剥皮取肉，可刀切分瓣，故有“刀切牛奶不流汁”之说。

此株该葡萄被载入《河北省志·林业志》。

惊世撼天的树碑

京西第一古树纪念碑 （一级保护）

枯榆位于赤城县龙关镇四街村路边。树高20米，胸围470厘米，冠幅16米×18米，树龄500年。

此树已于20世纪70年代末因修路伤根而死，树皮完全脱落，枯枝曲折向天，令人心生惋惜。此树虽已干枯，但仍然气势恢弘，巍巍壮观，犹如一座纪念碑，在路边高高耸立。昭示后人：保护古树是我们这一代的绿色使命、政治责任。

张家口古树一览表

	地　　点	树　种 拉丁名	保护等级	株数	树状			树龄（年）
					树高（米）	胸围（厘米）	冠幅（米）	
京西第一迎客松	怀来县王家楼乡长安岭村	油松 *Pinus tabulaeformis*	1	2	18 14	355 240	24×24 16×16	589
中国第一蚩尤松	涿鹿县矾山镇龙王堂村	油松 *Pinus tabulaeformis*	特	1	32.5	393	21×21	1500
京西第一将军松	涿鹿县南山区董家站村	油松 *Pinus tabulaeformis*	特	20	15	375	8×10	1000
京西第一高原古松群	尚义县小蒜沟镇孙沟村	油松 *Pinus tabulaeformis*	特	300	16	270	12×11	1000
中国第一卧龙松	涿鹿县黄羊山国家级森林公园	油松 *Pinus tabulaeformis*	特	4	10～28	157～220	3～16×3～16	1000
华北第一三教松	蔚县涌泉庄乡崔家寨村	油松 *Pinus tabulaeformis*	1	1	12	350	14×20	800
华北第一小三教松	蔚县涌泉庄乡崔家寨村	油松 *Pinus tabulaeformis*	1	1	15	200	5×5	600
京西第一迎宾松	涿鹿县南山区泥海子村	油松 *Pinus tabulaeformis*	1	1	10	380	15×13	800
京西第一旗杆松	赤城县云州乡金阁山林场	油松 *Pinus tabulaeformis*	1	1	18	325	14×16	700
京西第一斜头松	崇礼县西湾子镇瓦窑村	油松 *Pinus tabulaeformis*	1	1	27	195	6×6	660
华北第一同胞松	怀来县孙庄子乡上枣沟村	油松 *Pinus tabulaeformis*	1	2	13 11	320 320	12×12 12×13	600
京西第一太平松	蔚县吉家庄镇宗家太平村	油松 *Pinus tabulaeformis*	1	1	21	230	11×10	600
京西第一二十八星宿松	赤城县赤城镇松树梁	油松 *Pinus tabulaeformis*	1	5	21～24	310～350	7～23×10～19	575
京西第一虎卧松	怀安县灵官庙林场虎卧寺林区	油松 *Pinus tabulaeformis*	1	1	24	330	22×20	500
华北第一陀峰松	赤城县大海陀国家级自然保护区	油松 *Pinus tabulaeformis*	1	3	17 16 15	314 283 254	16×14 13×13 12×12	500
京西第一三义松	蔚县宋家庄镇上苏庄村	油松 *Pinus tabulaeformis*	1	1	30	300	8×8	500
南山第一松	涿鹿县南山区谢家堡村	油松 *Pinus tabulaeformis*	1	1	24	290	20×19	500
京西第一鹤巢松	赤城县云州乡镇安堡村	油松 *Pinus tabulaeformis*	1	2	21 21	290 280	20×19	500
京西第一歪脖松	涿鹿县南山区泥海子村	油松 *Pinus tabulaeformis*	1	1	5	280	4×3	500
京西第一聚宝松	宣化区庞家堡镇大蛤蟆口村	油松 *Pinus tabulaeformis*	1	2	21 19	280 210	18×19 6×7	500
京西第一镇边松	怀来县瑞云观乡镇边城村	油松 *Pinus tabulaeformis*	1	2	19 12	276 254	15×18 12×13	500
崇礼第一松	崇礼县四台嘴乡红旗丈村	油松 *Pinus tabulaeformis*	1	1	12	251	14×13	500
京西第一飞天松	赤城县大海陀国家级自然保护区	油松 *Pinus tabulaeformis*	1	1	9	251	8×8	500
京西第一昂首松	涿鹿县南山区北峪店村	油松 *Pinus tabulaeformis*	1	1	25	235	11×10	500
京西第一清真松	涿鹿县大堡镇小荆寺村	油松 *Pinus tabulaeformis*	1	1	15	235	8×7	500
华北第一道观古松群	赤城县云州乡金阁山林场	油松 *Pinus tabulaeformis*	1	91100	15～20	平均220	大小不等	500
京西第一侯爷松	蔚县柏树乡山门庄村	油松 *Pinus tabulaeformis*	1	1	15	220	15×15	500

（续）

名称	地点	树种 拉丁名	保护等级	株数	树状			树龄（年）
					树高（米）	胸围（厘米）	冠幅（米）	
京西第一联手松	怀来县小南辛堡乡辛庄村	油松 *Pinus tabulaeformis*	1	2	13 15	220 190	12×14 8×12	500
京西第一黑龙松	赤城县大海陀国家级自然保护区	油松 *Pinus tabulaeformis*	1	1	18	210	11×8	500
京西第一伞松	赤城县龙门所镇程正沟村	油松 *Pinus tabulaeformis*	1	1	13	210	12×15	500
京西第一龙眼松	涿鹿县南山区台峪村	油松 *Pinus tabulaeformis*	1	1	21	204	8×6	500
京西第一蘑菇松	涿鹿县矾山镇上七旗村	油松 *Pinus tabulaeformis*	1	1	14	195	16×14	500
京西第一龙神松	蔚县北水泉乡红谷嘴村	油松 *Pinus tabulaeformis*	1	1	12	195	10×12	500
中国第一十八学士松	赤城县东万口乡孤石村	油松 *Pinus tabulaeformis*	1	10	17～23	67～190	3～5×3～6	500
京西第一榆伴松（松）	赤城县后城镇河西村	油松 *Pinus tabulaeformis*	1	1	22	166	17×17	500
京西第一松伴杆(松)	涿鹿县南山区兑九沟	油松 *Pinus tabulaeformis*	1	1	23	240	8×6	400
京西第一金台松	蔚县柏树乡王家庄村	油松 *Pinus tabulaeformis*	1	3	10 8 4	120 190 90	5×5 15×18 5×6	400
京西第一大钟松	蔚县柏树乡王家庄村	油松 *Pinus tabulaeformis*	1	1	7	180	18×18	400
京西第一香积松	赤城县东万口乡喜峰砦村	油松 *Pinus tabulaeformis*	1	1	14	144	9×10	360
京西第一将相松	蔚县常宁乡黄土壤村	油松 *Pinus tabulaeformis*	1	2	14 14	253 133	16×14 10×14	350
京西第一殿松	怀来县孙庄子乡下枣沟村	油松 *Pinus tabulaeformis*	1	1	15	230	11×10	300
蔚州第一庙松	蔚县柏树乡柏树村	油松 *Pinus tabulaeformis*	1	2	18 18	228 143	12×15 12×15	300
京西第一香峰松	涿鹿县黄羊山国家级森林公园	油松 *Pinus tabulaeformis*	1	1	18	210	5×10	300
京西第一独脚雄鹰松	蔚县柏树乡山门庄村	油松 *Pinus tabulaeformis*	1	1	5	210	10×7	300
京西第一老爷松	蔚县柏树乡王家庄村	油松 *Pinus tabulaeformis*	1	2	10 8	200 160	10×5 10×5	300
京西第一对杆松	蔚县宋家庄镇小寺沟村	油松 *Pinus tabulaeformis*	1	2	30 28	180 180	5×6 5×6	300
京西第一镇庙松	蔚县柏树乡松枝口村	油松 *Pinus tabulaeformis*	1	3	15 18 16	170 132 109	11×11 10×10 6×6	300
京西第一壁画松	蔚县柏树乡庄窠村	油松 *Pinus tabulaeformis*	1	1	7	150	15×5	300
陀山第一长春松榆（松）	赤城县大海陀国家级自然保护区	油松 *Pinus tabulaeformis*	1	1	12	143	20×17	300
京西第一展翅松	怀来县王家楼回族乡东洪站村	油松 *Pinus tabulaeformis*	1	1	6	116	7×8	300
京西第一王朴松群	蔚县涌泉庄乡涌泉庄村	油松 *Pinus tabulaeformis*	2	41	8～10	180	5×5	200
阳原第一兄弟松	阳原县辛堡乡南辛庄村	油松 *Pinus tabulaeformis*	3	2	14 13	138 149	7×9 9×9	120
京西第一白皮松	蔚县涌泉庄乡涌泉庄村	白皮松 *Pinus bungeana*	2	1	15	180	5×5	200
华北第一祖松群	赤城县大海陀国家级自然保护区	华北落叶松 *L.principis-rupprechtii*	特	6390		200～600		100～2000

（续）

名称	地点	树种 拉丁名	保护等级	株数	树状			树龄（年）
					树高（米）	胸围（厘米）	冠幅（米）	
天下第一巨蟒松	赤城县大海陀国家级自然保护区	华北落叶松 *L.principis-rupprechtii*	特	1	2.3	628（基围）	4×2.5	2000
华北第一三国松	赤城县大海陀国家级自然保护区	华北落叶松 *L.principis-rupprechtii*	特	1	10	629（基围）	11×10	2000
京西第一孤石松	赤城县大海陀国家级自然保护区	华北落叶松 *L.principis-rupprechtii*	特	1	15	471	6×5	1000
京西第一多子松	小五台国家级自然保护区湖上沟林区	华北落叶松 *L.principis-rupprechtii*	1	1	14	440	9×7	800
天下第一双鳄松	赤城县大海陀国家级自然保护区	华北落叶松 *L.principis-rupprechtii*	1	1	25	377	12×9	700
陀山第一山字松	赤城县大海陀国家级自然保护区	华北落叶松 *L.principis-rupprechtii*	1	1	15	314	6×5	500
陀山一胞双子松	赤城县大海陀国家级自然保护区	华北落叶松 *L.principis-rupprechtii*	1	1	23	308	6×8	500
京西第一大肚松	小五台国家级自然保护区湖上沟林区	华北落叶松 *L.principis-rupprechtii*	1	1	11	370	5×6	400
京西第一怪物松	小五台国家级自然保护区湖上沟林区	华北落叶松 *L.principis-rupprechtii*	1	1	8	314	5×7	400
京西第一手掌松	小五台国家级自然保护区湖上沟林区	华北落叶松 *L.principis-rupprechtii*	1	1	10	282	6.5×8	300
京西第一连臀松	小五台国家级自然保护区湖上沟林区	华北落叶松 *L.principis-rupprechtii*	1	1	16	252	8×7	300
陀山第一双杆松	赤城县大海陀国家级自然保护区	华北落叶松 *L.principis-rupprechtii*	1	1	30	250	6×7	300
河北第三杄	怀来县孙庄子乡麻黄峪村	白杄 *Picea meyeri*	特	1	21	375	13×13	1000
中国第一图腾杄	涿鹿县矾山镇龙王堂村	白杄 *Picea meyeri*	特	1	25	100	3×3	1000
河北第一凤爪杄	涿鹿县矾山镇塔儿寺村	白杄 *Picea meyeri*	1	1	21	345	20×20	845
河北第一炬禅杄	涿鹿县矾山镇塔儿寺村	白杄 *Picea meyeri*	1	3	20 16 14	337 179 176	20×20 19×20 19×19	845
京西第一夫妻树(杄))	崇礼县西湾子镇瓦窑村	白杄 *Picea meyeri*	1	1	22	223	8×6	660
河北第一裙子杄	赤城县云州乡镇安堡村	白杄 *Picea meyeri*	1	1	16	295	11×12	500
京西第一松伴杄（杄）	涿鹿县南山区兑九沟	白杄 *Picea meyeri*	1	1	20	215	5×7	400
华北第一罗汉杄	怀安县灵官庙林场虎窝寺林区	白杄 *Picea meyeri*	1	1	5	152	5×5	300
中国第一蚩尤杉	涿鹿县矾山镇柳树庄村	云杉 *Picea aspoerata*	特	1	23	400	13×14	1000
京西第一佛手杉	蔚县宋家庄镇小寺沟村	云杉 *Picea aspoerata*	1	1	25	355	12×12	800
京西第一龙爪杉	小五台国家级自然保护区湖上沟林区	云杉 *Picea aspoerata*	1	1	13	314	8×9	500
中国第一U字杉	小五台国家级自然保护区湖上沟林区	云杉 *Picea aspoerata*	特	1	17	315	12×11	400
京西第一龙须杉	小五台国家级自然保护区湖上沟林区	云杉 *Picea aspoerata*	1	1	11	251	7.5×6	300
京西第一烈士柏	下花园区定方水乡常家庄村	侧柏 *Platycladus orientalis*	特	1	18	425	20×20	1200
京西第三粗柏	怀来县存瑞镇葫芦套村	侧柏 *Platycladus orientalis*	1	1	13	292	10×10	800

（续）

名　　称	地　　点	树　种 拉 丁 名	保护 等级	株数	树状			树龄 （年）
					树高 （米）	胸围 （厘米）	冠幅 （米）	
南山第一柏	涿鹿县南山区 大河南村	侧柏 *Platycladus orientalis*	1	1	20	255	18×18	800
南山第二柏	涿鹿县南山区 宝峰寺林业中学	侧柏 *Platycladus orientalis*	1	1	15	190	20×17	500
京西第一回归柏	涿鹿县武家沟镇 牛家窑村	侧柏 *Platycladus orientalis*	1	1	15	260	4×4	500
京西第一龙王柏	怀来县小南辛堡乡 辛庄村	侧柏 *Platycladus orientalis*	1	2	13 9	250 71	7×9 4×5	500
京西第一真武柏	怀来县小南辛堡乡 辛庄村	侧柏 *Platycladus orientalis*	1	2	14 8	200 71	12×9 3×3	500
京西第一并蒂柏	怀来县存瑞镇 三清殿村	侧柏 *Platycladus orientalis*	1	2	17 17	192 163	7×10 5×9	500
京西第一葫芦柏	怀来县存瑞镇 葫芦套村	侧柏 *Platycladus orientalis*	1	2	11 11	153 140	6×8 5×8	400
京西第一观音柏	涿鹿县南山区 岔河村	侧柏 *Platycladus orientalis*	1	1	22	220	12×10	300
京西第一旗杆柏	怀来县小南辛堡乡 外井沟村	侧柏 *Platycladus orientalis*	1	2	16 9	197 48	8×11 3×3	300
京西第一 龙潭双柏	怀来县沙城镇 沙城四小	侧柏 *Platycladus orientalis*	1	2	8 10	136 163	9×11	300
京西第一螺旋柏	怀来县存瑞镇 小水峪村	侧柏 *Platycladus orientalis*	1	1	15	185	10×12	300
京西第一四君柏	涿鹿县南山区 杨家坪	侧柏 *Platycladus orientalis*	3	4	11～14	113～ 145	4～5× 4～6	120
京西第一圆柏	涿鹿县栾庄乡 黄土坡村	圆柏 *Sabina chinensis*	特	1	16	520	15×14	2000
华北第一杜松群	尚义县小蒜沟镇 中乌拉哈达村	杜松 *Juniperus rigida*	特	105	13	240	7×8	400
京西第一迎日松	宣化县深井镇 张家沟村	杜松 *Juniperus rigida*	1	1	9	105	6×5	300
中国第一寿星槐	涿鹿县涿鹿镇 谭庄村	槐树 *Sophora japonica*	特	1	16	1100	14×15	3000
天下第一白蛇槐	涿鹿县武家沟镇 槐树沟村	槐树 *Sophora japonica*	特	1	20	930	15×16	2500
京西第一神槐	怀来县新保安镇 东关街村	槐树 *Sophora japonica*	特	1	13	795	24×24	2500
京西第一 三兄弟镇边槐	怀来县瑞云观乡 镇边城村	槐树 *Sophora japonica*	特	3	16 20 12	425 660 434	11×10 10×14 14×13	2000
华北第一结义槐	涿鹿县栾庄乡 黄土坡村	槐树 *Sophora japonica*	特	3	20 20 20	630 490 445	26×24	1500
中国第一牛眼槐	怀来县桑园镇 北袁营村	槐树 *Sophora japonica*	特	1	16	526	8×8	1500
京西第一 四大天王槐	怀来县狼山乡 石佛寺村	槐树 *Sophora japonica*	特	4	13～16	200～ 390	8～15 × 10～18	1000
京西第一龙王槐	怀来县桑园镇 西蒋营村	槐树 *Sophora japonica*	特	1	19	380	10×10	1000
京西第一爷孙槐	怀来县存瑞镇 黄山嘴村	槐树 *Sophora japonica*	1	1	16	327	11×9	700
宣府第一槐	宣化县顾家营镇 顾家营村	槐树 *Sophora japonica*	1	1	24	395	19×20	600
京西第一关帝槐	怀来县存瑞镇 甘泉庄村	槐树 *Sophora japonica*	1	1	18	370	20×18	600
京西第一姊妹槐	怀来县桑园镇 西蒋营村	槐树 *Sophora japonica*	1	2	14 13	227 188	12×20 11×12	600

（续）

名称	地点	树种 拉丁名	保护等级	株数	树状			树龄（年）
					树高（米）	胸围（厘米）	冠幅（米）	
京西第一翠花槐	怀来县小南辛堡乡外井沟村	槐树 *Sophora japonica*	1	1	20	283	13×15	500
河北第一槐抱榆（槐）	涿鹿县温泉屯乡温泉屯村	槐树 *Sophora japonica*	特	1	15	126	16×16	500
南山第一槐	涿鹿县南山区牛角庄村	槐树 *Sophora japonica*	1	1	15	340	12×10	500
南山第一蟒石槐	涿鹿县南山区蟒石口村	槐树 *Sophora japonica*	1	1	22	297	20×22	400
京西第一龟背槐	怀来县狼山乡狼山村	槐树 *Sophora japonica*	1	1	12	250	10×10	400
京西第一奶奶槐	怀来县桑园镇北袁营村	槐树 *Sophora japonica*	1	1	18	200	10×10	400
阳原第一槐	阳原县浮图讲乡槽村	槐树 *Sophora japonica*	1	1	12	199	13×12	400
古城第一槐	桥西区新华街桥西民政局	槐树 *Sophora japonica*	1	1	11	236	14×16	300
京西第一镇寺槐	高新区姚家庄镇东榆林村	槐树 *Sophora japonica*	1	1	12	226	14×17	300
京西第一五指槐	高新区姚家庄镇东榆林村	槐树 *Sophora japonica*	1	1	8	220	15×12	300
京西第一三官槐	下花园区定方水乡定方水村	槐树 *Sophora japonica*	1	1	16	195	12×10	300
河北第一寿星榆	崇礼县西湾子镇四道沟村	白榆 *Ulmus pumila*	特	1	25	630	16×18	2100
京西第一榆	赤城县样田乡上马山村	白榆 *Ulmus pumila*	特	2	28 28	700 490	24×20 20×20	2000
中国第一蚩尤榆	涿鹿县矾山镇龙王堂村	白榆 *Ulmus pumila*	特	1	28	550	20×20	1500
京西第一敬德榆	涿鹿县大堡镇下洗马村	白榆 *Ulmus pumila*	特	1	15	530	20×18	1500
河北第四榆	崇礼县红旗营乡下双台村	白榆 *Ulmus pumila*	特	1	11	560	6×8	1200
京西第一三代榆	蔚县北水泉镇北水泉村	白榆 *Ulmus pumila*	特	3	16 16 16	370 270 470	30×30	1020
京西第一风水榆	赤城县后城镇郑家窑村	白榆 *Ulmus pumila*	特	2	25 22	510 390	20×18 16×18	1000
京西第一卧龙榆	崇礼县四台嘴乡青菜沟门村	白榆 *Ulmus pumila*	特	1	8	351	10×10	1000
天下第一怪榆	涿鹿县矾山镇龙王堂村	白榆 *Ulmus pumila*	特	1	12	251	14×18	1000
华北第一龙爪榆	宣化县赵川镇小化家营村	白榆 *Ulmus pumila*	1	1	12	335	15×15	900
京西第一桑园榆	怀来县桑园镇桑园村	白榆 *Ulmus pumila*	1	1	23	460	20×14	700
崇礼第三榆	崇礼县驿马图乡拉马营村	白榆 *Ulmus pumila*	1	1	22	440	20×14	700
崇礼第四榆	崇礼县四台嘴乡马丈子村	白榆 *Ulmus pumila*	1	1	15	424	8×10	700
鸡西第一榆	下花园区辛庄子乡响水铺村	白榆 *Ulmus pumila*	1	1	20	435	25×23	700
京西第一夫妻树(榆)	崇礼县西湾子镇瓦窑村	白榆 *Ulmus pumila*	1	1	27	377	10×11	660
京西第一寺院元榆	张家口市桥西区云泉寺	白榆 *Ulmus pumila*	1	1	12	80	7×7	639
京西第一牌楼榆	崇礼县驿马图乡圪料沟村	白榆 *Ulmus pumila*	1	1	14	400	13×13	600

（续）

名称	地点	树种 拉丁名	保护等级	株数	树状			树龄（年）
					树高（米）	胸围（厘米）	冠幅（米）	
中国第一 古树纪念碑	赤城县龙关镇 四街村	白榆 *Ulmus pumila*	1	1	20	470	16×18	500
京西第一东园榆	怀来县沙城镇 东园村	白榆 *Ulmus pumila*	1	1	12	420	13×14	500
京西第一蛤蟆榆	宣化县李家堡乡 小蛤蟆口村	白榆 *Ulmus pumila*	1	1	15	415	20×18	500
京西第一 大老爷榆	崇礼县西湾子镇 头道营村	白榆 *Ulmus pumila*	1	1	14	415	10×13	500
京西第一 二老爷榆	崇礼县西湾子镇 头道营村	白榆 *Ulmus pumila*	1	1	15	300	7×8	400
京西第一山神榆	崇礼县高家营乡 营盘地村	白榆 *Ulmus pumila*	1	1	15	410	11×12	500
京西第一 守门双榆	崇礼县四台嘴乡 沟门村	白榆 *Ulmus pumila*	1	2	12 10	410 275	13×14 8×10	500 300
京西第一连体榆	尚义县甲石河乡 大柳沟村	白榆 *Ulmus pumila*	1	1	13	404	19×22	500
南山第一高榆	涿鹿县南山区 北峪店村	白榆 *Ulmus pumila*	1	1	30	385	8×8	500
陀山第二榆	赤城县大海陀 国家级自然保护区	白榆 *Ulmus pumila*	1	1	17	372	15×14	500
京西第一瑞云榆	怀来县瑞云观乡 瑞云观村	白榆 *Ulmus pumila*	1	1	23	360	18×19	500
京西第一母子榆	万全县北新屯乡 小麻坪村	白榆 *Ulmus pumila*	1	2	12 8	337 130	20×18	500
京西第一罗锅榆	万全县北新屯乡 红旗扬沟村	白榆 *Ulmus pumila*	1	1	11	335	15×15	500
华北第一 边界标志榆	尚义县甲石河乡 杏元沟村	白榆 *Ulmus pumila*	1	1	7	327	10×11	500
河北第一 独石群榆	赤城县独石口镇 独石口村	白榆 *Ulmus pumila*	1	9	12 20	298 292	8×9 15×15	500
京西第一神榆	赤城县东万口乡 巴图营村	白榆 *Ulmus pumila*	1	1	13	280	17×16	500
河北第一 槐抱榆（榆）	涿鹿县温泉屯乡 温泉屯村	白榆 *Ulmus pumila*	特	1	15	251	16×16	500
坝上第一罗汉榆	塞北管理区榆树沟 管理处大榆树沟村	白榆 *Ulmus pumila*	1	174	5	200	7×7	500
京西第一 榆伴松（榆）	赤城县后城镇 河西村	白榆 *Ulmus pumila*	1	1	21	173	12×10	500
京西第一 八仙柳榆（榆）	怀来县狼山乡 五营梁村	白榆 *Ulmus pumila*	1	4	5～23	192～ 370	6～20 × 4～21	400
京西第一守庙榆	崇礼县红旗营乡 白化沟村	白榆 *Ulmus pumila*	1	1	17	360	8×10	400
南山第一镇村榆	涿鹿县南山区 西安村	白榆 *Ulmus pumila*	1	1	25	320	13×15	400
京西第一 龙头拐榆	赤城县雕鹗镇 孙庄子村	白榆 *Ulmus pumila*	1	1	18	314	10× 6.5	400
京西第一双雄榆	崇礼县白旗乡 下窝铺村	白榆 *Ulmus pumila*	1	2	21 20	290 205	16×15 15×15	360
京西第一九神榆	赤城县东万口乡 西万口村	白榆 *Ulmus pumila*	1	1	17	340	18×16	350
京西第一悬崖榆	崇礼县四台嘴乡 辛丈子村	白榆 *Ulmus pumila*	1	1	9	250	10×8	350
张北第一榆	张北县大囫囵镇 翠花宫村	白榆 *Ulmus pumila*	1	1	13	220	21×22	350

（续）

名称	地点	树种 拉丁名	保护等级	株数	树状			树龄（年）
					树高（米）	胸围（厘米）	冠幅（米）	
长城脚下第一榆	怀来县土木镇 炮儿村	白榆 *Ulmus pumila*	1	1	20	355	10×13	300
京西第一扇形榆	赤城县后城镇 青罗口村	白榆 *Ulmus pumila*	1	1	15	345	20×20	300
京西第一五指榆	怀来县东八里镇 东八里村	白榆 *Ulmus pumila*	1	1	15	345	10×20	300
京西第一旗杆榆	涿鹿县南山区 马兰村	白榆 *Ulmus pumila*	1	2	26 21	400 227	18×18 12×12	300
京西第一转旨榆	崇礼县四台嘴乡 转枝莲村	白榆 *Ulmus pumila*	1	2	15 13	315 280	5×6 5×5	300
京西第一四老榆	崇礼县四台嘴乡 黄土窑村	白榆 *Ulmus pumila*	1	4	8～15	190～276	6～11×6～12	300
崇礼第一旗杆榆	崇礼县红旗营乡 白化沟村	白榆 *Ulmus pumila*	1	1	15	275	8×9	300
京西第一把门榆	下花园区辛庄子乡 郝家庄村	白榆 *Ulmus pumila*	1	1	15	265	16×16	300
京西第一跪拜榆	怀来县存瑞镇 甘泉庄村	白榆 *Ulmus pumila*	1	1	14	265	11×6	300
京西第一观音榆	下花园区段家堡乡 观音堂村	白榆 *Ulmus pumila*	1	1	13	260	10×10	300
京西第一四季有榆(余)	万全县高庙堡乡 西腰站堡村	白榆 *Ulmus pumila*	1	1	14	258	20×20	300
京西第一兄弟榆	崇礼县西湾子镇 黄土嘴村	白榆 *Ulmus pumila*	1	2	10 10	256 254	7×8 7×8	300
京西第一草原孤榆	康保县闫油坊乡 万隆店村	白榆 *Ulmus pumila*	1	1	11	250	15×14	300
京西第一龙王榆	下花园区段家堡乡 观音堂村	白榆 *Ulmus pumila*	1	1	15	240	12×12	300
市区第二榆	张家口市桥西区 人民检查院	白榆 *Ulmus pumila*	1	1	15	230	19×14	300
陀山第一长春松榆（榆）	赤城县大海陀 国家级自然保护区	白榆 *Ulmus pumila*	1	1	14	196	20×17	300
京西第一池榆	涿鹿县栾庄乡 黄土坡村	白榆 *Ulmus pumila*	2	1	12	520	12×13	200
京西第一独脚凤凰榆	万全县北新屯乡 柳东河村	白榆 *Ulmus pumila*	2	1	13	187	13×11	200
京西第一水母榆	张家口市桥西区 水母宫	白榆 *Ulmus pumila*	2	1	14	152	8×8	200
京西第一山坡孤榆	尚义县甲石河乡 瓦桶沟村	白榆 *Ulmus pumila*	3	1	12	130	9×11	110
京西第一垂榆	下花园区定方水乡 梁家庄村	垂枝榆 *Ulmus pumila*	特	1	8	214	10×10	500
陀山第一榆	赤城县大海陀 国家级自然保护区	黑榆 *Ulmus davidiana*	特	1	15	430	12×15	600
京西第一怪猿榆	赤城县云州乡 金阁山林场	黑榆 *Ulmus davidiana*	特	1	12	181	6×7	600
中国第一卧麟脱皮榆	赤城县大海陀 国家级自然保护区	脱皮榆 *Ulmus lamellosa*	特	1	7	335	4×5	500
京西第一孤石旱榆	宣化县深井镇 洪水沟村	旱榆 *Ulmus glaucescens*	1	1	6	168	4×9	300
京西第一刺榆	赤城县东万口乡 东万口村	刺榆 *Hemiptelea davidii*	特	1	19	280	16×16	400
天下第一轩辕杨	涿鹿县矾山镇 三堡村	小叶杨 *Populus simonii*	特	1	33	630	25×27	4700

（续）

名　称	地　点	树　种 拉丁名	保护等级	株数	树状			树龄（年）
					树高（米）	胸围（厘米）	冠幅（米）	
河北第一粗杨	崇礼县高家营镇喇北营村	小叶杨 *Populus simonii*	特	1	27	760	16×14	800
河北第二粗杨	阳原县三马坊乡三马坊村	小叶杨 *Populus simonii*	特	1	25	710	24×24	1000
京西第二寿星杨	桥西区东窑子镇南天门村	小叶杨 *Populus simonii*	特	1	15	520	12× 8.4	1000
京西第一将军杨	怀来县桑园镇长梁寨村	小叶杨 *Populus simonii*	1	2	22 21	555 590	18×16 15×16	600
京西第一神杨	怀安县第六屯乡第九屯村	小叶杨 *Populus simonii*	1	1	23	570	20×20	600
京西第一乌鸦杨	高新区老鸦庄镇老鸦庄村	小叶杨 *Populus simonii*	1	1	32	565	13×14	600
京西第一三羊开泰杨	阳原县浮图讲乡开阳堡村	小叶杨 *Populus simonii*	1	1	23	520	7×8	600
万全第一杨	万全县膳房堡乡连针沟村	小叶杨 *Populus simonii*	1	1	21	525	25×25	500
蔚州第一杨	小五台国家级自然保护区湖上沟林区	小叶杨 *Populus simonii*	1	1	20	450	13×15	500
京西第一七旗杨	涿鹿县矾山镇下七旗村	小叶杨 *Populus simonii*	1	1	22	471	17×16	400
河北第一见证杨	宣化县江家屯乡申家屯村	小叶杨 *Populus simonii*	1	1	24	390	15×16	300
京西第一古杨群	涿鹿县南山区	山杨 *Populus davidiana*	1	50000	30～50	400～ 700		300
南山第一杨	涿鹿县南山区兑九沟村	山杨 *Populus davidiana*	1	1	12	500	8×9	400
河北第一寿星柳	蔚县柏树乡山门庄村	旱柳 *Salix matsudana*	特	1	8	670	10×8	1200
河北第一柳	张北县油篓沟乡大尖山村	旱柳 *Salix matsudana*	特	2	12 10	730 430	20×10 10×10	1000
河北第二粗柳	赤城县茨营子乡碾子湾村	旱柳 *Salix matsudana*	特	1	21	680	18×19	1000
中国第一卧龙柳	万全县北新屯乡永安堡村	旱柳 *Salix matsudana*	特	1	13	680	16×18	1000
京西第一经堂柳	怀来县西八里镇经堂房村	旱柳 *Salix matsudana*	特	1	11	665	9×12	800
中国第一狮子柳	蔚县暖泉镇沙子坡村	旱柳 *Salix matsudana*	特	1	17	630	15×15	800
京西第一寺院明柳	张家口市桥西区云泉寺	旱柳 *Salix matsudana*	1	1	10	301 （总）	10×14	610
阳原第一柳	阳原县辛堡乡辛堡村	旱柳 *Salix matsudana*	1	1	23	516	24×23	600
京西第一太平柳	怀安县太平庄乡三十里店村	旱柳 *Salix matsudana*	1	1	15	600	20×20	500
京西第一观音柳	蔚县暖泉镇中小堡村	旱柳 *Salix matsudana*	1	1	25	440	20×18	500
京西第一关帝柳	怀安县柴沟堡镇关帝庙村	旱柳 *Salix matsudana*	1	2	22 22	510 400	20×10 10×11	400
京西第一双雄柳	万全县高庙堡乡黑石堰村	旱柳 *Salix matsudana*	1	2	15 13	400 490	20×18 20×20	400
京西第一狮头柳	涿鹿县矾山镇下七旗村	旱柳 *Salix matsudana*	1	2	18 16	485 433	13×14 13×12	400
京西第一八仙柳榆（柳）	怀来县狼山乡五营梁村	旱柳 *Salix matsudana*	1	4	5～23	191～ 370	6～20 × 4～21	400

（续）

名称	地点	树种 拉丁名	保护等级	株数	树状			树龄（年）
					树高（米）	胸围（厘米）	冠幅（米）	
宣府第一柳	宣化县顾家营镇 顾家营村	旱柳 *Salix matsudana*	1	2	12 11	628 484	9×7 10×10	300
崇礼第一柳	崇礼县四台嘴乡 马丈子村	旱柳 *Salix matsudana*	1	1	19	450	8×10	300
京西第一千枝柳	怀来县西八里镇 闫家房村	旱柳 *Salix matsudana*	1	1	15	360	19×15	300
京西第一通天柳	赤城县赤城镇 南大村	旱柳 *Salix matsudana*	2	1	22	355	15×14	250
京西第一迎宾柳	张家口市 南站邮局	旱柳 *Salix matsudana*	2	1	15	314	12×13	200
南山第一柳	涿鹿县南山区 马水村	旱柳 *Salix matsudana*	3	1	24	380	15×17	150
南山第一拳头柳	涿鹿县南山区 鱼水村	旱柳 *Salix matsudana*	3	1	8	298	5×5	100
京西第一乌柳林	万全县膳房堡乡 大柳沟村	乌柳 *Salix cheilophila*	2	70	12	123	10×10	200
	涿鹿县南山区	核桃 *Juglans regia*		11300				
天下第一 核桃工古树群	涿鹿县南山区 上疃村	核桃 *Juglans regia*	特	20	8～30	250 ～ 600	10～28 × 10～28	1000
中国第一 古核桃乡	涿鹿县南山区 蟒石口乡	核桃 *Juglans regia*	1		18	480 （基围）	17×17	300
中国第一 古核桃村	涿鹿县南山区 圣佛堂村	核桃 *Juglans regia*	1		25 25 20	350 471 400	15×16 14×17 14×16	500
京西第一 寿星核桃树	涿鹿县南山区 赵家蓬村	核桃 *Juglans regia*	特	1	20	400	17×20	1100
华北第一 蜗牛核桃树	涿鹿县南山区 李家堡村	核桃 *Juglans regia*	1	1	7.5	235	8.5× 11	600
华北第一 长角怪物核桃树	涿鹿县南山区 赵家蓬村	核桃 *Juglans regia*	1	1	17	220	6×7	500
南山第一 鱼水三桃王	涿鹿县南山区 鱼水村	核桃 *Juglans regia*	1	3	16 23 18	220 430 336	15×15 20×20 20×19	300
京西第一 兄弟核桃树	涿鹿县南山区 赵家蓬村	核桃 *Juglans regia*	1	14	17～20	210～ 300	17×25	300
河北野核桃王	涿鹿县南山区 南将石村	野核桃 *Juglans cathayensis*	特	1	15	200	15×16	300
京西第一 山沟银杏	涿鹿县南山区 杨家坪	银杏 *Ginkgo biboba*	1	2	14 12	116 110	7×8 8×8	120
京西第一活化石	张家口市桥西区 人民公园	银杏 *Ginkgo biboba*	特	2	11 12	143 190	9×9 15×15	100
中国第一 龙爪文冠果	涿鹿县栾庄乡 唐家洼村	文冠果 *Xanthoceras sorbifolia*	特	1	16	520 （总）	14×13	1000
华北第一 雀屏文冠果	蔚县陈家洼乡 南许家营村	文冠果 *Xanthoceras sorbifolia*	特	1	12	327	12×12	600
京西第一 庭院文冠果	怀安县怀安城镇 至善街村	文冠果 *Xanthoceras sorbifolia*	特	1	10	165	8×10	300
华北第一香	宣化县深井镇 洪水沟村	北京丁香 *Syringa pekinensis*	特	1	13	255	4×7	1000
华北第二香	崇礼县四台嘴乡 黄土窑村	暴马丁香 *Syringa reticulata*	特	1	10	180	6×5	500
陀山第一香	赤城县雕鹗镇 石头堡村	北京丁香 *Syringa pekinensis*	1	1	11	190	4×5	300
华北第一七仙香	蔚县宋家庄镇 小寺沟村	暴马丁香 *Syringa reticulata*	1	6	7	105～ 110	8×4	300

（续）

名　称	地　点	树　种 拉丁名	保护等级	株数	树状			树龄（年）
					树高（米）	胸围（厘米）	冠幅（米）	
京西第一桃叶卫矛	张家口市桥西区人民公园	桃叶卫矛 *Euonymus maackii*	1	1	14	190	15×15	300
华北第一直角卫矛	蔚县暖泉镇沙子坡村	桃叶卫矛 *Euonymus maackii*	1	1	9	175	9×10	300
京西第一古朴	怀来县小南辛堡乡辛庄村	小叶朴 *Celtis bungeana*	特	1	6	144	7×5	500
华北第一漆树	涿鹿县南山区南山村	漆树 *T. vernicfluum*	特	1	8	500	3×4	300
河北第一桦抱石	赤城县大海陀国家级自然保护区	白桦 *Betula platyphylla*	1	1	25	1256	7×8	500
京西第一四君柽柳	张家口市桥西区五一广场	柽柳 *Tamarix chinensis*	3	4	5～6	58～165	3～4×3～5	100
京西第一栎	赤城县雕鹗镇石头堡村	蒙古栎 *Quercus mongolica*	1	1	25	110	6×6	200
华北白蜡王	涿鹿县南山区上辛庄村	小叶白蜡 *Fraxinus bungeana*	特	1	10	500（基围）	8×8	500
河北第一元宝枫	下花园区段家堡乡观音堂村	元宝枫 *Acer truncatum*	特	1	11	223	12×12	500
中国第一怪桑	涿鹿县南山区金石片村	华桑 *Morus cathayana*	特	1	11	620	20×19	2500
京西第一卧龙桑	涿鹿县南山区三里棚村	蒙桑 *Morus mongolica*	1	1	8	150	6×9	300
华北第一楸	蔚县柏树乡柏树村	楸子 *Malus prunifolia*	1	1	10	500	15×20	500
京西第一古杏园	万全县旧堡乡柳沟村	杏 *Prunus armeniaca*	1	500	7	157	13×13	400
京西第一秋子梨	涿鹿县南山区南山村	秋子梨 *Pyrus ussuriensis*	特	1	11	182	10×8	300
华北第一麻梨	涿鹿县南山区南坡根村	麻梨 *Pyrus serrulata*	1	1	10	305	15×18	300
华北第一九龙山梨	蔚县宋家庄镇小寺沟村	山梨 *Pyrus ussuriensis*	1	1	8	250	18×16	500
京西板栗王	涿鹿县南山区鱼水村	板栗 *Castanea mollissima*	1	1	12	289（总）	12×12	500
京西第二栗	涿鹿县南山区鱼水村	板栗 *Castanea mollissima*	1	1	10	375	8×10	400
京西第一黑枣	涿鹿县南山区上疃村	黑枣 *Diospyros lotus*	1	1	4	140	2.5×2.5	500
京西第一红枣	涿鹿县县城招待所	枣树 *Ziziphus jujuba*	1	1	13	152	9×5	360
京西第二红枣	涿鹿县县城政府院	枣树 *Ziziphus jujuba*	2	1	11	95	9×7	200
京西第一酸枣	赤城县东万口乡巴图营村	酸枣 *Ziziphus acidojujuba*	特	1	4	185	5×5	800
京西第一沙棘	涿鹿县南山区杨家坪	沙棘 *H. rhamnoides*	特	1	4	79	2×2	200
中国龙眼葡萄王	涿鹿县温泉屯乡外虎沟村	龙眼葡萄 *Vitis vinifera*	特	480	20	60	1.5×1.5	300
中国牛奶葡萄王	宣化区春光乡盆窑村	牛奶葡萄 *Vitis vinifera*	特	6210		57	2.6×3.2	400
	小五台国家级自然保护区		3	9330				
	涿鹿县黄羊山国家森林公园		3	100				
合计				16645				

后　记

二〇〇四年七月，为挖掘张家口的树木文化资源，更好地为旅游产业服务，由陈贵同志倡导主持，张家口市林业局牵头，会同张家口市文物局，成立了由林业、文物、摄影等专业人员组成的调查编撰小组，对张家口市的古树名木进行了一次详细普查，对树龄、胸围、树高、冠幅、科属、长势及生长地等进行了实地调查、记录和拍照，并对其有关的历史文化传说进行了多方咨询、广泛搜集，形成了比较完整的古树图文资料和史料。为古树修史撰志，这是张垣大地第一次。

书中古树的科、属、种鉴定及树高、树龄、胸围、冠幅等调查由张家口市林业部门专业人员王迎春、李泽军、高战镖三位同志完成，并对古树的形状、长势、历史文化传说等进行了详细描述；摄影主要由专业摄影人员王大力、袁明海、邓秀、何大伟、李树涛等同志完成；张家口市文物局的闫志勇同志主要负责历史考证，查阅并提供了大量相关的珍贵资料；业内整理、打印审稿主要由张家口市林业局李泽军、张立波、海洋、李建荣四位同志完成；张家口市委办公室、小五台国家级自然保护区、大海陀国家级自然保护区、涿鹿县南山区以及有关县（区）委办、林业、文物等部门也做了大量工作。

值本书出版之际，国家林业局党组书记、局长周生贤同志欣然为本书作序，原中国书法家协会副主席李铎同志为本书题写了书名，原张家口市美术家协会副主席穆品文和张家口市书法家协会副主席蒋蓬分别完成了封面设计和封面篆刻，在此表示衷心感谢。

本书在编纂过程中，虽然进行了多次自查补缺和完善工作，但因时间短、资料不足和水平所限，古树遗漏、文中疏漏和错误之处肯定有之，恳请各级领导、专家和各界有识之士及广大读者给予批评指正。

《张家口古树奇观》编辑委员会

2005年7月